KB197740

티렉스
T-REX 공룡왕
THE KING OF DINOSAURS
카드도감

캐릭터 소개

태초에 세상은 혼돈의 상태였으나, 그 속에서 첫 번째 힘이 깨어난다. 불은 혼돈을 태워서 빛을 만들어 어두움과 상반된 '빅뱅'이라는 존재를 만들어 냈다. 그리고 태워진 재로 흙과 먼지가 쌓여 단단한 땅(흙)을 만들어 내었다. 불은 엄청난 기세로 혼돈을 태웠으며 혼돈은 살아남기 위하여 물이라는 존재를 잉태하였고, 그로 인해 혼돈마저 잠겨 가라앉을 정도가 되자 혼돈은 그 상황을 타개하기 위해 자신의 마지막 힘으로 쇠라고 하는 형태로 변화되었고 쇠는 물과 결합해 끈적한 늪이 되며 살아남을 수 있었다. 하지만 시간이 지나자 물은 점차 가라앉게 되었고, 쇠는 땅에 사그라들어 양분이 풍성해지면서 그곳에 나무라는 새로운 속성이 탄생되었고 혼돈의 변형된 형태라고 인식되었다. 그것이 왜냐면 나무가 풍성해지는 곳에 어김없이 불이 등장하였고, 위의 과정을 통해 계속 순환되었기 때문이다.

불속성

티라노사우루스

지위 적의 제왕(불 속성 공룡의 리더)
특징 대형 육식 공룡으로 발달한 후각과 시야로 사냥 능력이 뛰어나 공룡의 왕으로 불린다.

알베르토사우루스

지위 적의 왕자
특징 날카로운 이빨이 달린 큰 머리와, 달리기에 적합한 긴 뒷발을 가진 무서운 사냥꾼.

카르노타우루스

지위 적의 추적자
특징 눈위에 1쌍의 뿔이 튀어나와있음. 발달한 뒷발과는 달리, 앞발은 상당히 짧음.

물속성

스피노사우루스

지위 청의 제왕(물 속성 공룡의 리더)
특징 등의 돌기 사이에는 튼튼한 '막'이 있음. 막은 체온 조절이나 적을 위협할 때 사용되었음.

수코미무스

지위 청의 왕자
특징 악어처럼 가늘고 긴 머리뼈를 가지고 있음. 수백 개의 이빨로 물고기를 잡아먹었다고 추정됨.

아크로칸토사우루스

지위 청의 추적자
특징 최대급의 육식 공룡의 하나. 등에는 돛과 같은 돌기가 있음.

쇠속성

기가노토사우루스

지위 흑의 제왕(쇠 속성 공룡의 리더)
특징 큰 몸을 움직이기 쉽도록, 두개골은 가볍게 만들어짐. 이빨은 얇으나, 상당히 예리함.

알로사우루스

지위 흑의 왕자
특징 강한 턱과 날카로운 이빨, 튼튼한 뒷다리를 가져 운동 능력이 뛰어났다고 보임.

딜로포사우루스

지위 흑의 추적자
특징 날씬한 몸을 가진 육식 공룡. 머리에 볏은 동료에게 신호를 보내는 역할을 했다고 추정.

흙속성

아르젠티노사우루스

지위 황의 제왕(흙 속성 공룡의 리더)
특징 발견된 공룡 중 가장 무거운 공룡. 큰 몸집을 지탱하도록 척추가 특수한 관절로 연결되어있음.

슈노사우루스

지위 황의 왕자
특징 용각류 중 유일하게 꼬리 곤봉이 있음. 곤봉은 방어를 위한 두쌍의 작은 돌기가 돌출되어 있음.

사이카니아

지위 황의추적자
특징 갑옷룡 중 가장 무장이 잘됨. 수많은 가시가 몸 전체에 있고, 단단한 갑옷으로 옆구리를 보호함.

숲속성

트리케라톱스

지위 녹의 제왕(숲 속성 공룡의 리더)
특징 머리의 길이는 2.6m정도로, 공룡 중 가장 거대함. 이마의 뿔과 눈위의 뿔은 강력한 무기가 됨.

카스모사우루스

지위 녹의 왕자
특징 큰 목 장식이 특징. 목 장식을 이용하여 동료끼리 커다란 바리케이트를 만들었을지도 모름.

스테고사우루스

지위 녹의 추적자
특징 가장 큰 검룡이지만, 뇌의 생각하는 부분은 골프공 정도의 크기임.

목차

캐릭터 소개	02
티렉스 공룡 소개	05
티렉스 공룡 카드 소개	59
생명의 진화 과정에서 나타난 공룡	88
공룡의 시대: 트라이아스기부터 백악기까지!	89
숨은 스테고사우루스 찾기	90
선 따라 기가노토사우루스 그리기	91

티렉스 공룡 소개

TYRANNOSAURUS

티라노사우루스

지구상 가장 무섭고 사나운 공룡. 거대한 꼬리와 날카로운 이빨을 가진 뛰어난 사냥꾼으로 어떤 사냥감도 놓치지 않음. "티렉스" 라고도 함.

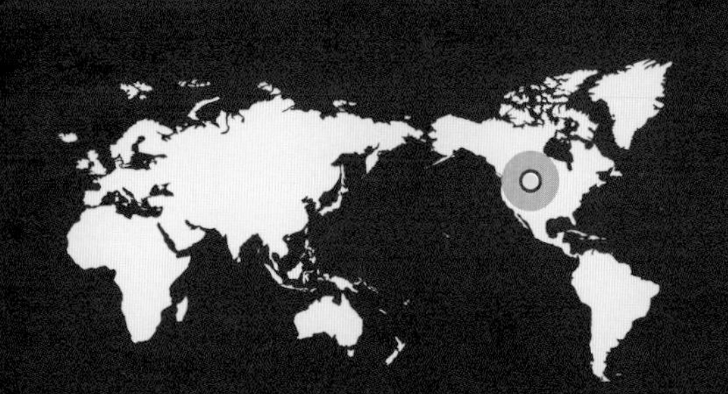

- 식성 육식
- 서식지 북아메리카
- 시대 백악기 후기
- 크기 높이 : 4.0M 길이 : 13.0M
  무게 : 9,000KG

ALBERTOSAURUS

알베르토사우루스

티라노사우루스의 선조로 추정되며 다소 작음. 날카로운 이빨이 달린 큰 머리와, 달리기에 적합한 긴 뒷발을 가진 무서운 사냥꾼.

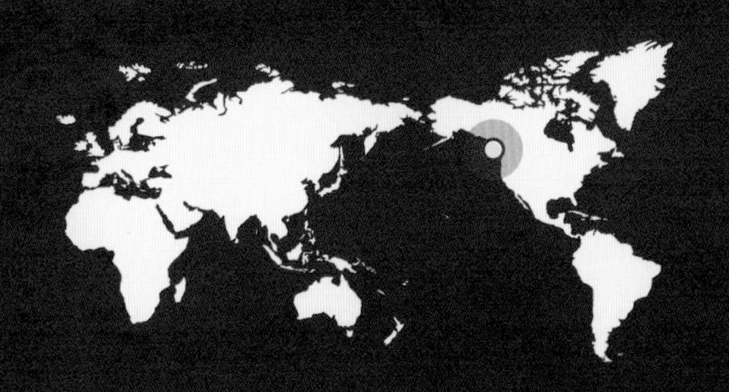

- 식성 육식
- 서식지 북미 서부의 산림지대
- 시대 백악기 후기
- 크기 높이 : 3.5M 길이 : 8.5M
  무게 : 1,900KG

KENTROSAURUS

켄트로사우루스

등에는 골판이 있고 등 뒤쪽부터 꼬리에 걸쳐서 커다란 뿔 가시가 있어,
접근하는 육식 공룡의 공격을 막아내는 데 사용하였음.

- 식성 초식
- 서식지 아프리카 동부의 숲지대
- 시대 쥐라기 후기
- 크기 높이 : 2.0M 길이 : 5.0M
  무게 : 500KG

PACHYRHINOSAURUS

파키리노사우루스

코나 눈 사이에 뿔 대신 뼈로 된 두꺼운 혹이 있으며,
머리를 보호하는 구실을 했을 것으로 추정됨.

- 식성 초식
- 서식지 북미 서부의 산림지대
- 시대 백악기 후기
- 크기 높이 : 2.0M 길이 : 8.0M
  무게 : 4,000KG

CARNOTAURUS

카르노타우루스

머리가 다른 육식 공룡들과 달리 앞뒤가 짧으며, 특이하게 눈 위에 1쌍의 뿔이 튀어나와있음. 발달한 뒷발과는 달리. 앞발은 상당히 짧음.

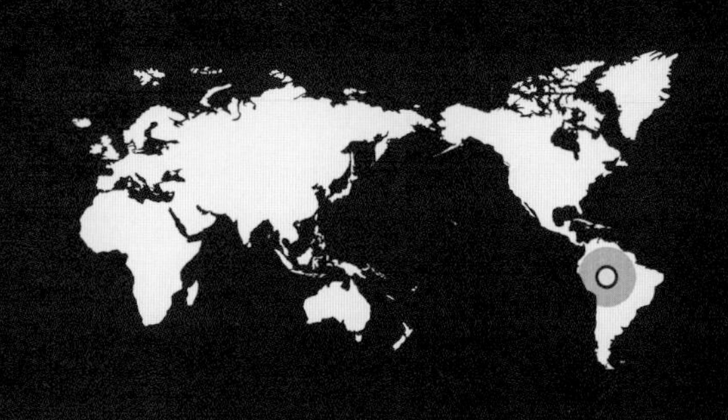

- 식성 육식
- 서식지 남미의 평원지대
- 시대 백악기 후기
- 크기 높이 : 3.5M 길이 : 9.0M
  무게 : 1,200KG

EINIOSAURUS

에이니오사우루스

코 위에 솟아난 뿔의 모양이 특이하게 아래 방향으로 휘어 있는 특징이 있으며, 현재의 들소와 비슷한 이미지로 무리지어 살았음.

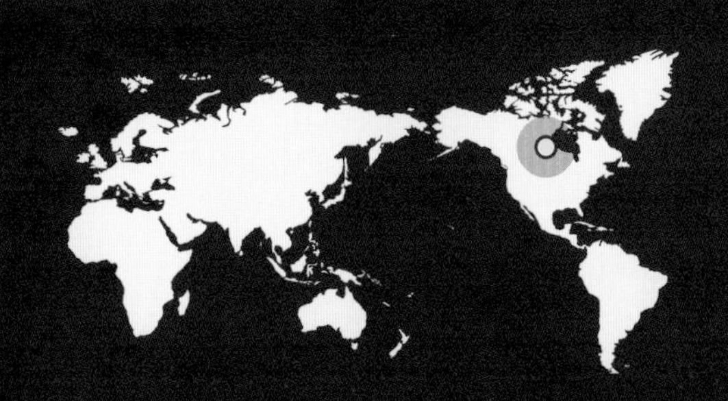

- 식성 초식
- 서식지 북미의 산림지대
- 시대 백악기 후기
- 크기 높이 : 2.0M 길이 : 5.0M
  무게 : 1,500KG

PANOPLOSAURUS

파노플로사우루스

육중한 몸에 짧은 다리와 짧은 목을 갖고 있으며, 몸통 옆에 긴 골침을 갖고 몸을 보호했으며, 공룡 시대의 마지막까지 살았던 노도사우루스류임.

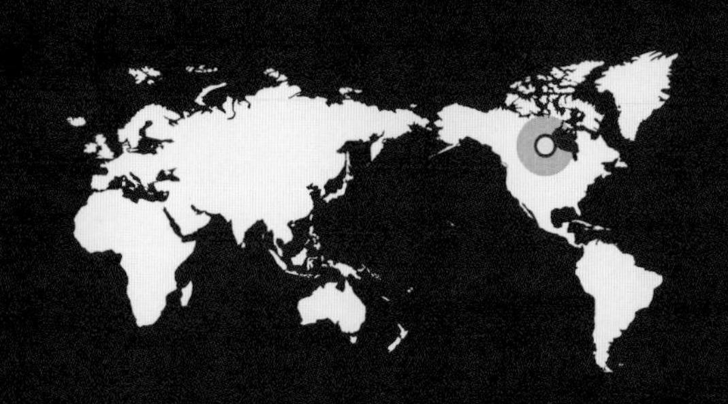

> 식성 초식
> 서식지 북미의 산림지대
> 시대 백악기 후기
> 크기 높이 : 2.5M 길이 : 7.0M
무게 : 2,500KG

DICERATOPS

디케라톱스

프릴에 작은 구멍들을 갖고 있으며, 코에 뿔이 아닌 동그란 혹을 가지고 있는 점에서 트리케라톱스와 구별된다.

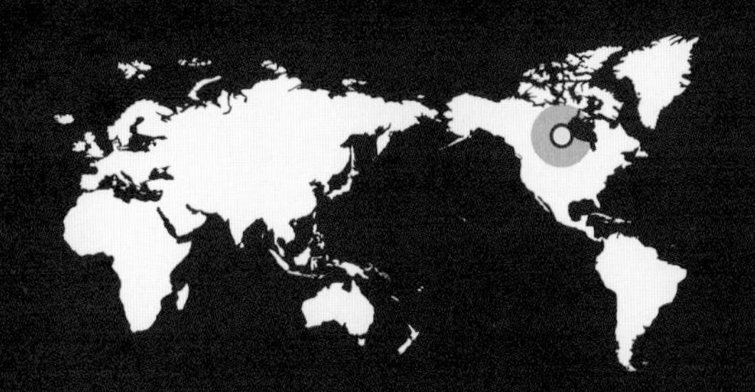

- 식성 초식
- 서식지 북미의 산림지대
- 시대 백악기 후기
- 크기 높이 : 2.7M 길이 : 30.0M
  무게 : 10,866KG

PACHYCEPHALOSAURUS

파키케팔로사우루스

머리에 헬멧을 쓴 것처럼 불쑥 솟아 있는데 두꺼운 머리에 비해 뇌가 작아 호두알만 함. 수컷이 암컷을 차지하기 위해 박치기하며 싸움.

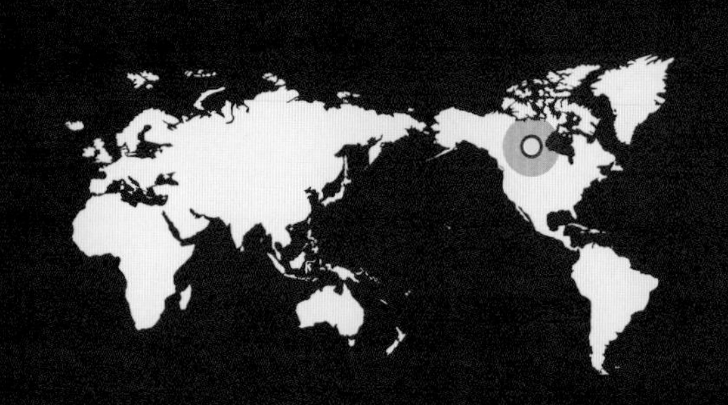

- 식성 초식
- 서식지 북미의 숲지대
- 시대 백악기 후기
- 크기 높이 : 1.7M 길이 : 5.0M
  무게 : 450KG

SALTASAURUS

살타사우루스

용각류 중에서는 목이 짧고 꼬리가 긴 편이며, 발가락의 날카로운 발톱과 꼬리로 육식공룡의 공격을 물리쳤으며, 등에 골판이 있는 것이 특징임.

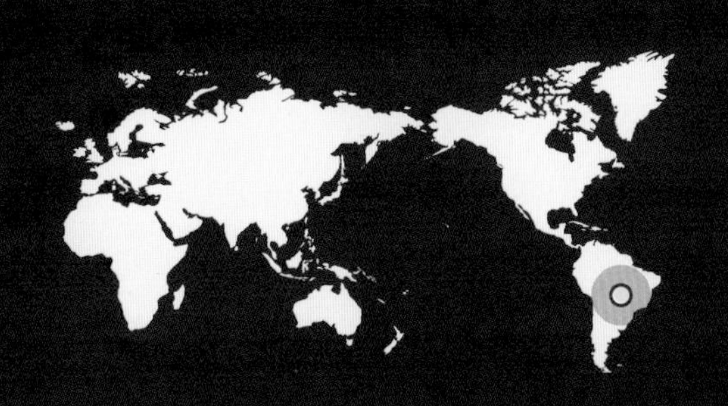

- 식성 초식
- 서식지 남미의 산림지대
- 시대 백악기 후기
- 크기 높이 : 2.5M 길이 : 12.0M
  무게 : 7,000KG

CENTROSAURUS

센트로사우루스

날카로운 뿔이 있고, 양쪽 눈위에는 작은 돌기가 있음. 목에 붙어있는 돌기는 상대방의 공격을 막는 역할을 함.

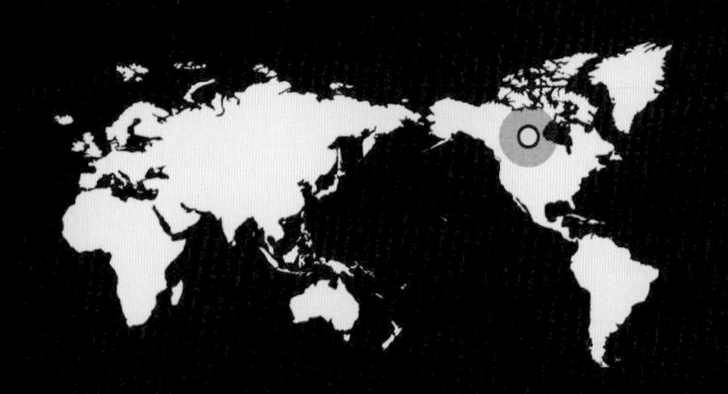

> 식성 초식

> 서식지 북미의 숲지대

> 시대 백악기 후기

> 크기 높이 : 2.3M 길이 : 6.0M
무게 : 2,600KG

STYRACOSAURUS

스티라코사우루스

코 위의 커다란 뿔과 프릴 가장자리의 뿔들이 크고 길며, 육식공룡의 공격을 막는 무기로 사용했을 것으로 추정됨.

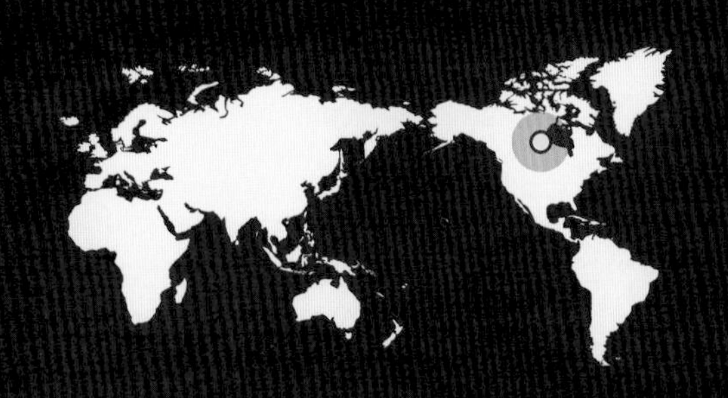

- 식성 초식
- 서식지 북미의 산림지대
- 시대 백악기 후기
- 크기 높이 : 2.0M 길이 : 5.5M
  무게 : 3,000KG

SPINOSAURUS

스피노사우루스

대형 육식 공룡이며, 등에 돛이 있으며, 최대 180cm나 되었음.
머리는 악어처럼 생겼고, 물가나 늪지대에서 물고기를 사냥했을 것으로 추정됨.

> 식성 육식
> 서식지 아프리카의 강변지대와 초원지대
> 시대 백악기 후기
> 크기 높이 : 5.0M 길이 : 16.0M
무게 : 9,000KG

HUAYANGOSAURUS

후아양고사우루스

검룡 중에서 작고 원시적인 종류. 스테고사우루스와 비슷하지만 어깨에 창 모양의 골판이 있고, 엉덩이 부분에 두개의 큰 골침이 있으며, 꼬리 끝에도 4개의 골침이 있음.

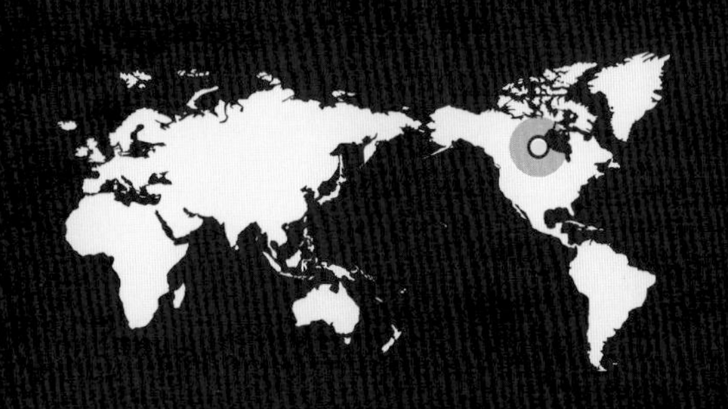

> 식성 초식
> 서식지 아시아의 산림지대
> 시대 쥐라기 중기
> 크기 높이 : 1.6M 길이 : 4.5M
무게 : 400KG

SUCHOMIMUS

스코미무스

백악기 공룡으로 주둥이가 긴 것이 특징임. 긴 턱에 수백 개의 이가 있어 주로 물고기를 사냥했을 것으로 추정됨.

> 식성 육식
> 서식지 아프리카 강과 호수
> 시대 백악기 후기
> 크기 높이 : 4.0M 길이 : 12.0M
무게 : 5,000KG

PARASAUROLOPHOUS

파라사우롤로푸스

머리 뒤쪽에 길이 2m나 되는 긴 돌출부가 있으며 속이 비어 있어 소리를 증폭 하는데 사용했으며, 입이 오리처럼 넓적하였으며, 온순한 초식동물임.

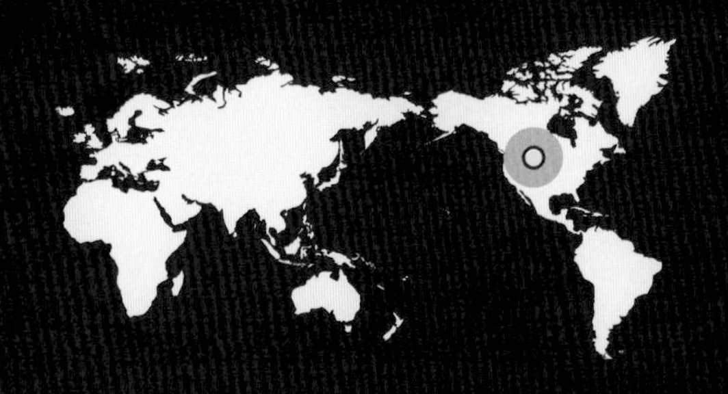

- 식성 초식
- 서식지 북아메리카
- 시대 백악기 후기
- 크기 높이 : 4.8M 길이 : 10.0M
  무게 : 3,170KG

ACROCANTHOSAURUS

아크로칸토사우루스

비교적 작은 머리를 갖고 있는 육식 공룡이지만, 알로사우루스보다 먹이를 무는 힘이 더 강했을 것으로 추정되며, 낫처럼 생긴 3개의 발톱이 특징임.

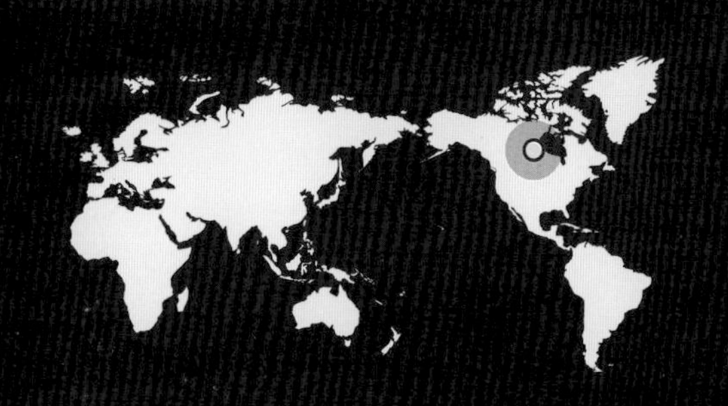

- 식성 육식
- 서식지 북미의 산림지대
- 시대 백악기 전기
- 크기 높이 : 5.0M 길이 : 12.0M
  무게 : 2,500KG

CRYOLOPHOSAURUS

크리올로포사우루스

남극에서 발견된 최초의 육식 공룡이며, 딜로포사우루스와 닮았으나, 얼굴에 부채 모양의 주름진 볏이 있어 짝짓기를 위한 구애에 활용했을 것으로 추정됨.

- 식성 육식
- 서식지 남극의 평원지대
- 시대 쥐라기 전기
- 크기 높이 : 2.0M 길이 : 6.0M
  무게 : 500KG

ACHELOUSAURUS

아켈로우사우루스

1.6m의 거대한 프릴을 갖고 있고, 코의 뿔이 뭉툭한 직사각형 모양으로 생겼으나 다른 뿔보다 튼튼해서 육식 공룡의 공격으로부터 방어할 수 있었을 것으로 추정됨.

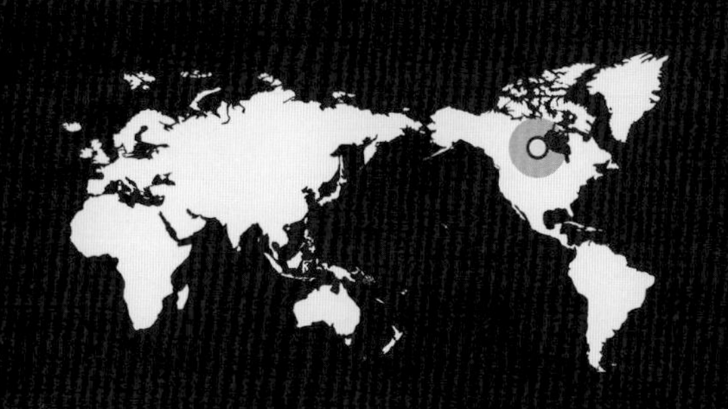

- 식성 초식
- 서식지 북미의 산림지대
- 시대 백악기 후기
- 크기 높이 : 2.3M 길이 : 6.0M
  무게 : 2,500KG

AMARGASAURUS

아마르가사우루스

목부터 등줄기를 따라 엉덩이까지 돌기가 있으며 돛 형태에 더 가까운 것으로 보이며, 목과 꼬리가 길어 꼬리를 방어용으로 사용할 수 있을 것으로 추정됨.

- 식성 초식
- 서식지 남미의 산림지대
- 시대 백악기 전기
- 크기 높이 : 2.3M 길이 : 10.0M
  무게 : 2,500KG

WUERHOSAURUS

우에로사우루스

검룡류 중 가장 늦게까지 살아남음. 목에서 꼬리가 붙어있는 부분까지, 장방형의 골판이 늘어서 있음. 꼬리 끝에도 쌍으로 이뤄진 가시가 있음.

- 식성 초식
- 서식지 아시아의 산림지대
- 시대 백악기 전기
- 크기 높이 : 2.3M 길이 : 7.0M
  무게 : 3,500KG

DILOPHOSAURUS

딜로포사우루스

날씬한 몸매와 긴 꼬리로 달리는 속도가 빠른 육식 공룡. 머리에 두 개의 볏이 있고 수컷에게만 있었던 것으로 판단됨.

- 식성 육식
- 서식지 중국 북미의 산림지대
- 시대 쥐라기 전기
- 크기 높이 : 2.5M 길이 : 6.0M
  무게 : 500KG

UTAHRAPTOR

유타랩터

성질이 매우 사납고 무리지어서 생활했으며, 30cm나 되는 큰 갈고리 같은 뒷발톱으로 사냥했다. 벨로키랍토르와 크기만 다르고, 먹이와 생활 습성은 비슷하다.

- 식성 육식
- 서식지 북아메리카
- 시대 백악기 전기
- 크기 높이 : 2.0M 길이 : 7.0M
  무게 : 700KG

CERATOSAURUS

케라토사우루스

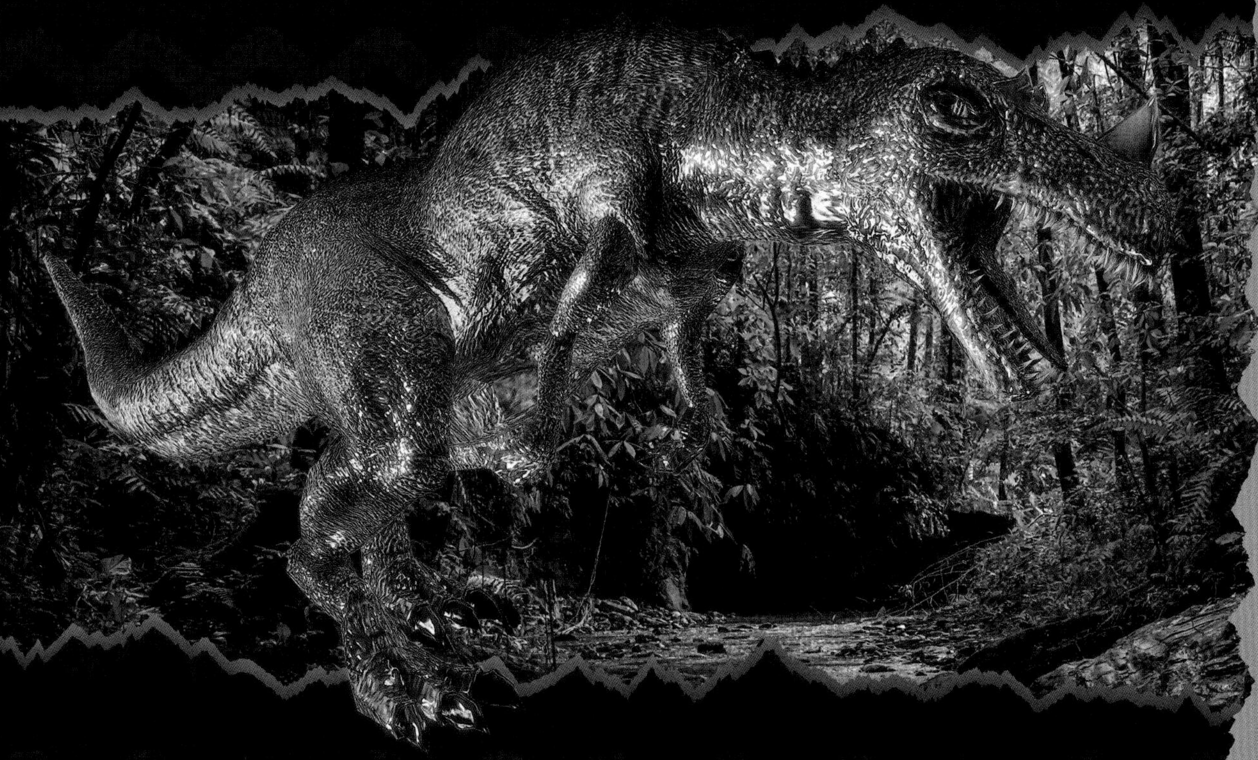

강한 턱과 이빨, 짧은 앞다리와 튼튼한 뒷다리 등 사냥하기에 좋은 체격 조건을 갖추고 있으며, 자기보다 큰 공룡도 무리지어 사냥했을 것으로 보임.

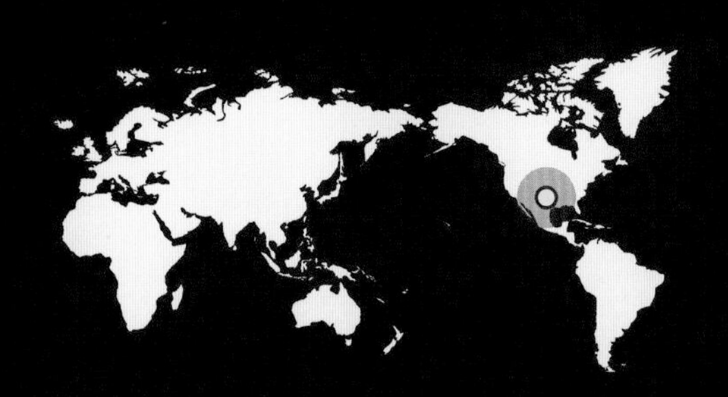

- 식성 육식
- 서식지 북미 남부의 늪지대
- 시대 쥐라기 후기
- 크기 높이 : 1.6M 길이 : 6.0M
  무게 : 650KG

ALLOSAURUS

알로사우루스

쥐라기 시대에 가장 크고 강한 육식 공룡으로 자기보다 큰 초식공룡이나 다른 육식 공룡까지도 먹이로 삼았으며, 강력한 뒷 발과 단단한 꼬리로 혼자 사냥하였음.

- 식성 육식
- 서식지 북아메리카, 서유럽
- 시대 쥐라기 후기
- 크기 높이 : 3.0M 길이 : 9.0M
  무게 : 1,400KG

MONOLOPHOSAURUS

모노로포사우루스

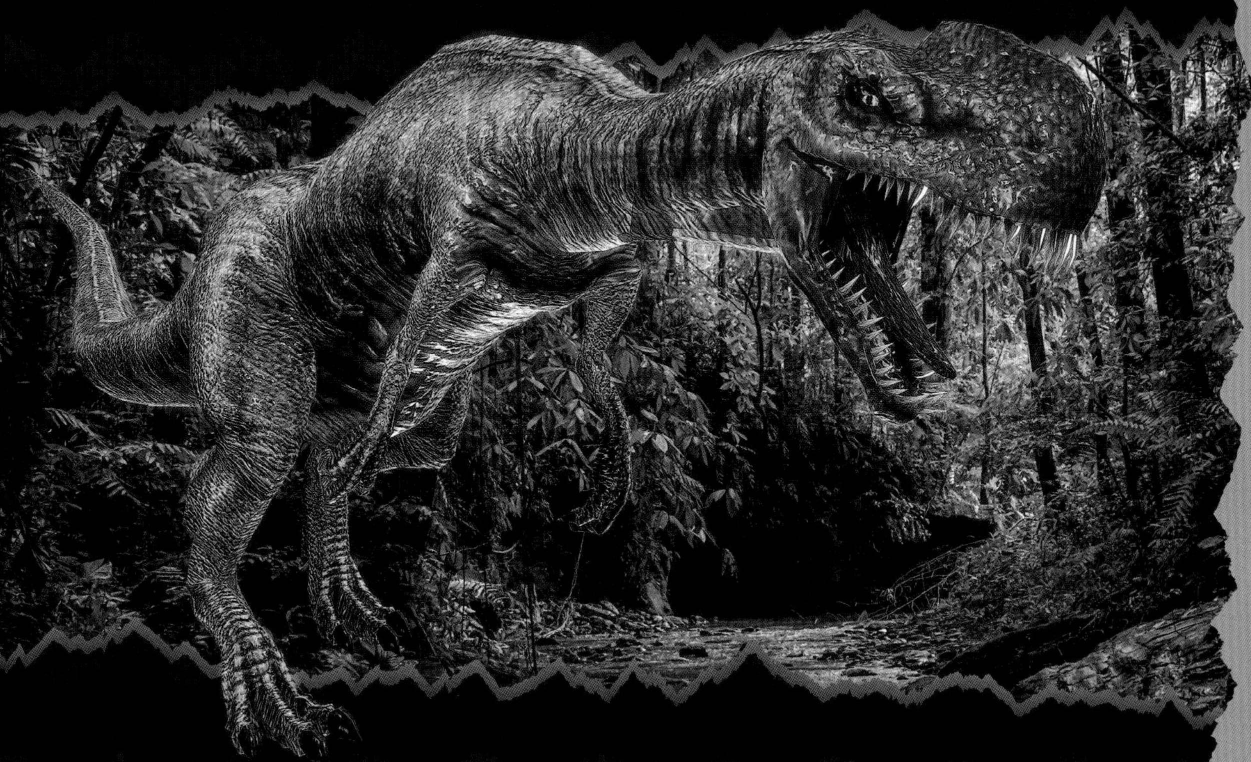

코에서 눈위에 걸쳐서 내부가 공동인 볏이 있으며, 아시아 대륙에 살았던 육식 공룡임.

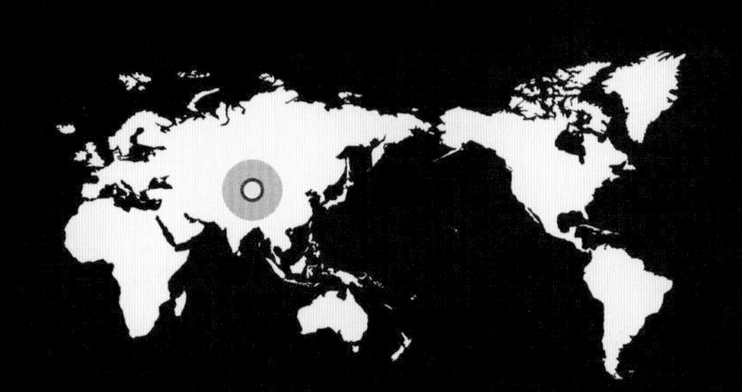

- 식성 육식
- 서식지 아시아의 산림지대
- 시대 쥐라기 중기
- 크기 높이 : 1.4M 길이 : 5.0M
  무게 : 400KG

MEGARAPTOR

메가랩터

유타랍토르보다 30% 이상 더 거대하며, 앞발에 35cm정도 되는 길이의 갈고리 모양의 발톱이 있음.

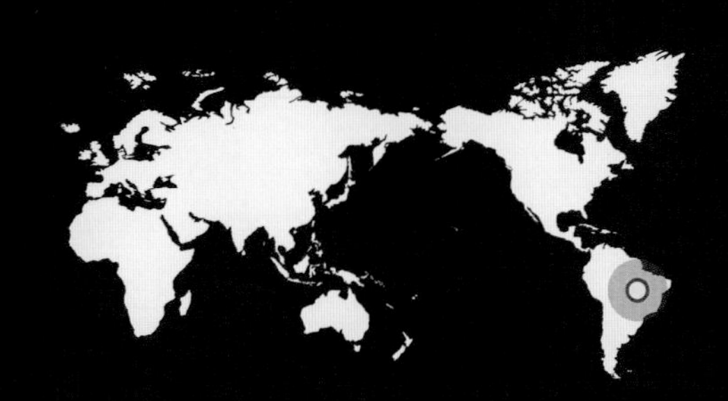

- 식성 육식
- 서식지 남미의 산림지대
- 시대 백악기 후기
- 크기 높이 : 3.5M 길이 : 9.0M
  무게 : 900KG

YANGCHUANOSAURUS

양추아노사우루스

쥐라기 후기 중국에서 가장 큰 육식 공룡으로 큰 머리와 유연한 목, 길고 튼튼한 꼬리를 갖고 있으며, 두개골의 형태는 알로사우루스와 유사함.

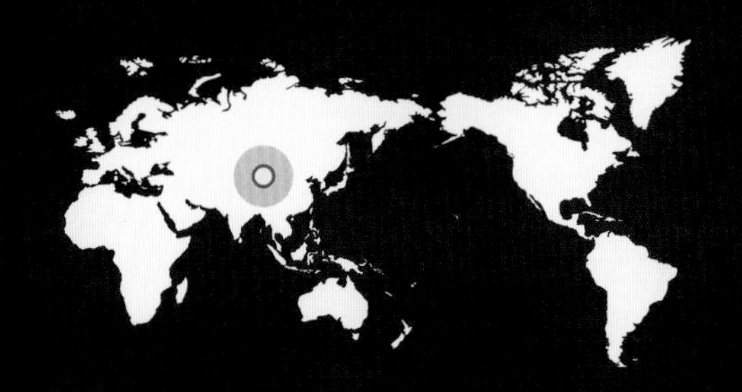

- 식성 육식
- 서식지 아시아의 산림지대
- 시대 쥐라기 후기
- 크기 높이 : 4.0M 길이 : 10.0M
  무게 : 3,500KG

ANCHICERATOPS

안키케라톱스

중간 크기 정도의 마지막 케라톱스류의 한 종으로, 눈 위의 큰 두개의 뿔은 바깥쪽으로 휘어져 있으며 프릴은 직사각형 형태임.

- 식성 초식
- 서식지 북미의 산림지대
- 시대 백악기 후기
- 크기 높이 : 3.0M 길이 : 6.0M
  무게 : 2,500KG

GIGANOTOSAURUS

기가노토사우루스

큰 몸을 움직이기 쉽도록, 두개골은 가볍게 만들어져 있음. 이빨은 얇으나,
고도로 진화한 결과 상당히 예리해짐.

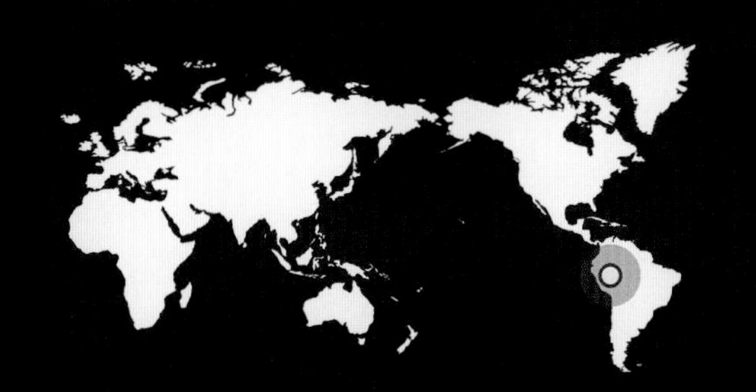

> 식성 육식
> 서식지 남아메리카
> 시대 백악기 후기
> 크기 높이 : 5.0M 길이 : 13.0M
무게 : 8,000KG

ALIORAMUS

알리오라무스

티라노사우루스와 유사한 골격 구조를 갖고 있으며, 머리뼈가 가늘고 길고 작다는 차이가 있음. 코 위에 작은 돌기가 있음.

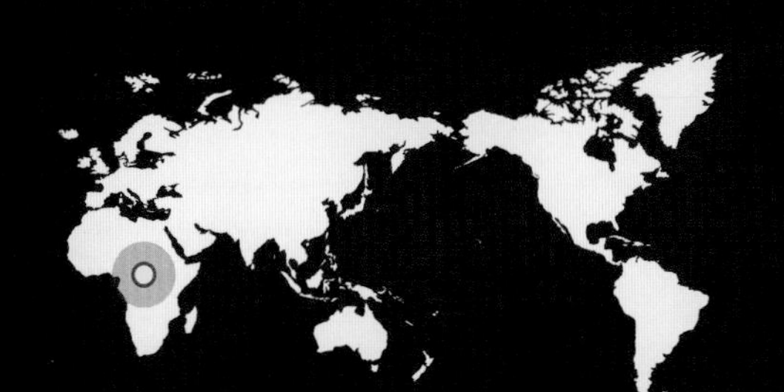

- 식성 육식
- 서식지 아시아의 산림지대
- 시대 백악기 후기
- 크기 높이 : 2.2M 길이 : 6.0M
  무게 : 1,000KG

MAJUNGATHOLUS

마준가톨루스

몸집이 거대하지는 않았지만 오랜 기간 군림한 포식자로, 아주 작은 앞발과 머리에 솟아 있는 뿔이 특징이며, 동족도 서로 싸워 잡아먹었던 것으로 추정됨.

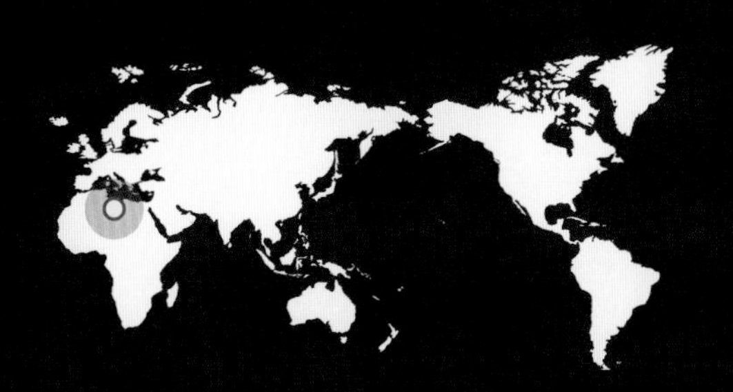

- 식성 육식
- 서식지 아프리카 북부의 산림지대
- 시대 백악기 후기
- 크기 높이 : 2.1M 길이 : 6.0M
  무게 : 1,000KG

ANKYLOSAURUS

안킬로사우루스

갑옷 공룡 중에 가장 크며, 온몸을 가시로 보호하고 있음. 꼬리 끝에 달린 단단한 뼈로 된 곤봉을 휘둘러 방어했을 것으로 추정됨.

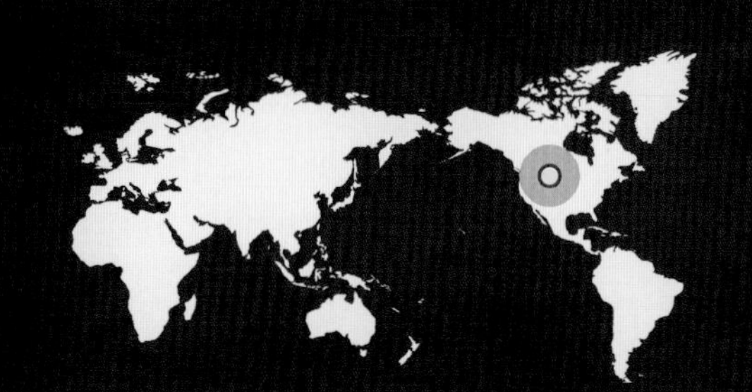

- 식성 초식
- 서식지 북아메리카
- 시대 백악기 후기
- 크기 높이 : 2.0M 길이 : 6.0M
  무게 : 2,500KG

SAICHANIA

사이카니아

갑옷 공룡 중에서도 가장 무장이 잘된 공룡. 머리, 목, 등 앞다리에 무거운 골침이 있으며, 뼈로 이루어진 판에 손잡이처럼 생긴 침이 있음.

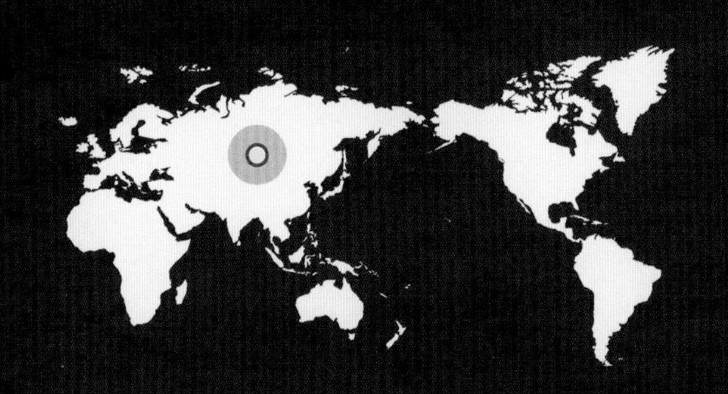

> 식성 초식
> 서식지 아시아의 산림지대
> 시대 백악기 후기
> 크기 높이 : 2.2M 길이 : 7.0M
무게 : 2,000KG

PENTACERATOPS

펜타케라톱스

머리 위의 두개의 큰 뿔과, 코 위의 짧은 뿔, 그리고 양 볼의 두개의 뿔 총 얼굴에 5개의 뿔이 있는데 이중 볼의 뿔은 뼈가 튀어나와 뿔처럼 보임.

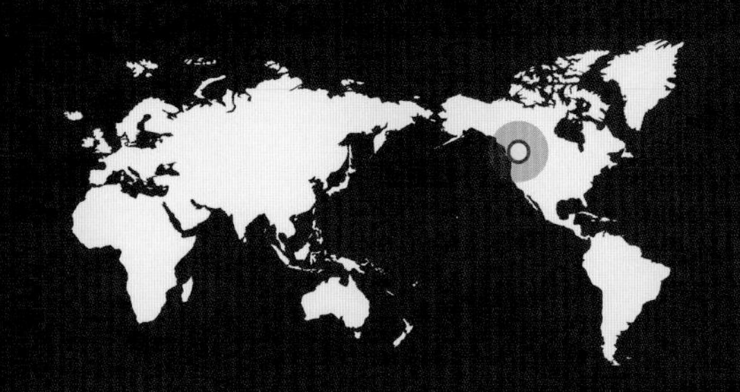

> 식성 초식

> 서식지 북미 서부의 평원지대

> 시대 백악기 후기

> 크기 높이 : 2.5M 길이 : 7.0M
무게 : 2,500KG

SHUNOSAURUS

슈노사우루스

꼬리 곤봉이 발견된 최초의 용각류로 포식자들로부터 방어하기 위해 사용했을 것으로 추정되며, 다른 용각류에 비해 상대적으로 목이 짧은 편임.

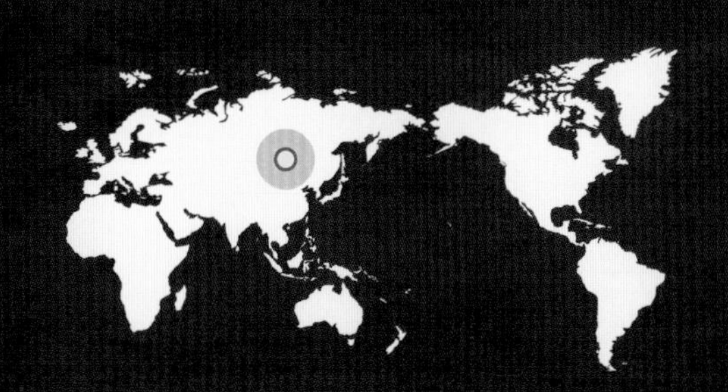

- 식성 초식
- 서식지 아시아의 평원지대
- 시대 쥐라기 중기
- 크기 높이 : 2.2M 길이 : 9.0M
  무게 : 3,000KG

SAUROPELTA

사우로펠타

몸집이 거대하며, 평평한 등껍질과 뾰족한 주둥이를 갖고 있다. 몸통의 옆쪽에 골침을 갖고 있어 육식공룡으로부터 방어하는데 사용했을 것으로 추정됨

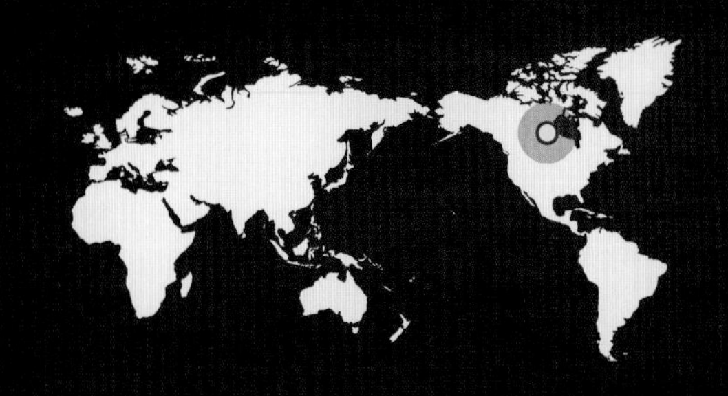

- 식성 초식
- 서식지 북미의 산림지대
- 시대 쥐라기 후기
- 크기 높이 : 1.3M 길이 : 5.0M
  무게 : 1,500KG

TUOJIANGOSAURUS

투오지앙고사우루스

아시아에서 처음 발견된 검룡류 공룡. 꼬리 쪽으로 갈수록 날카로워지는 검판이 나란히 나 있으며, 꼬리에는 가시같은 골침이 있음.

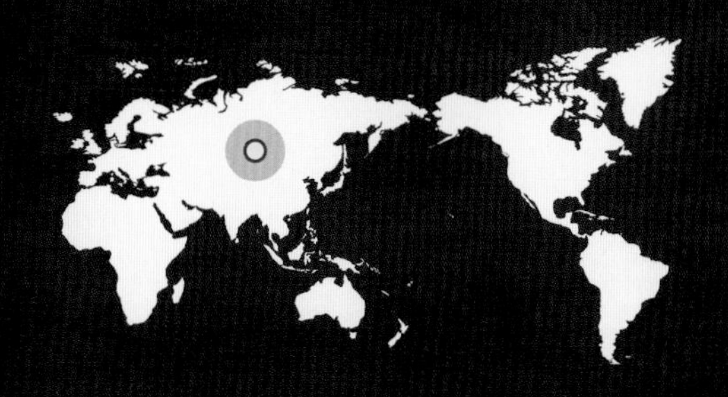

> 식성 초식
> 서식지 아시아의 산림지대
> 시대 쥐라기 후기
> 크기 높이 : 2.5M 길이 : 7.0M
무게 : 4,000KG

TYRANNOSAURUS

아르히노케라톱스

이마에 길고 큰 뿔 2개가 있으며, 코에 뿔이 없는 형태로 다른 각룡에 비해 코와 안면이 짧고 크기가 좀 작은 편이다. 다른 케라톱스류처럼 입이 앵무새 같은 부리를 갖고 있음.

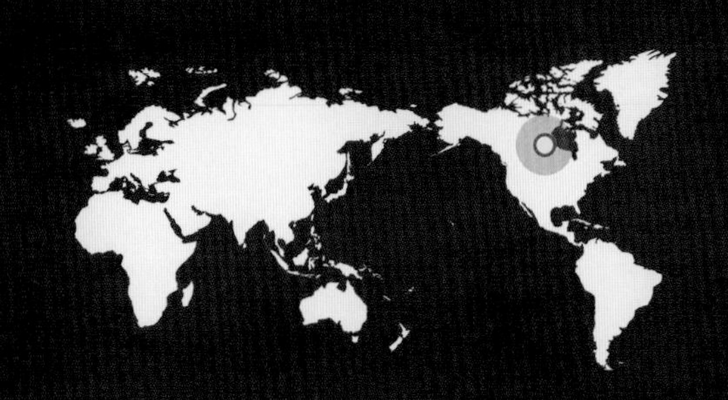

- 식성 초식
- 서식지 북미의 산림지대
- 시대 백악기 후기
- 크기 높이 : 1.2M 길이 : 4.5M
  무게 : 1,300KG

TARCHIA

타르키아

사이카니아와 유사하나 두개골의 형태와 높은 두개골에서 차이를 보이며, 꼬리 곤봉이 아주 큰 특징이 있음.

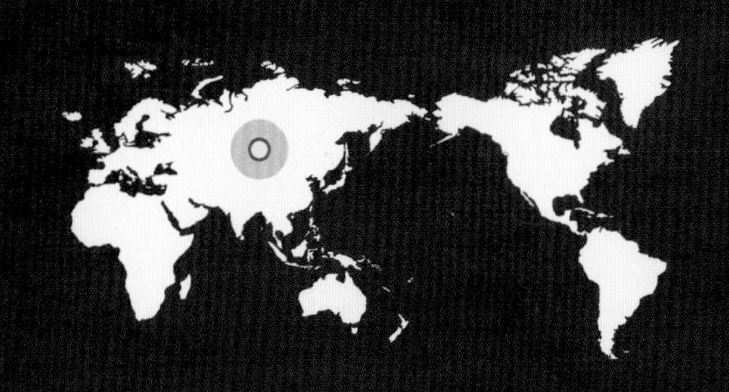

- 식성 초식
- 서식지 아시아의 산림지대
- 시대 백악기 후기
- 크기 높이 : 2.3M 길이 : 8.5M
  무게 : 4,000KG

TOROSAURUS

토로사우루스

머리 크기가 가장 큰 동물로 2.5m가 넘고 뿔이 세 개가 달려 있으며 상대적으로 코 위의 뿔은 작음. 트리케라톱스 다음으로 큰 각룡임.

- 식성 초식
- 서식지 북미 서부의 산림지대
- 시대 백악기 후기
- 크기 높이 : 2.4M 길이 : 7.3M
  무게 : 6,350KG

ARGENTINOSAURUS

아르젠티노사우루스

지금까지 발견된 공룡 중 가장 큰 공룡 중 하나이며, 등 뼈에 서로 단단하게 연결하는 특수한 관절이 발달해 있는 것이 특징임.

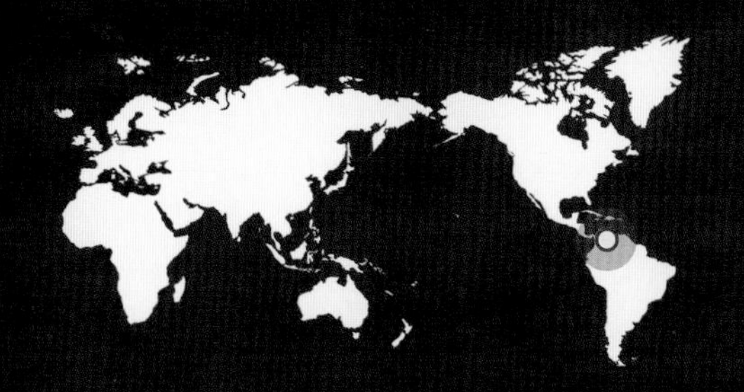

- 식성 초식
- 서식지 남미의 숲지대
- 시대 백악기 후기
- 크기 높이 : 6.0M 길이 : 26.0M
  무게 : 40,000KG

STEGOSAURUS

스테고사우루스

검룡류 중에 가장 큰 공룡. 등에는 단단한 골판이 있어 체온 조절 역할을 한다. 꼬리 끝에는 날카로운 돌기가 달려 있으며, 뇌의 크기는 호두알 정도밖에 되지 않았음.

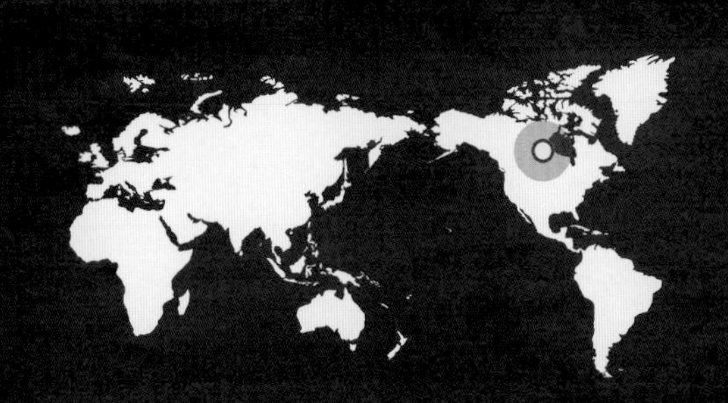

- 식성 초식
- 서식지 북미의 산림지대
- 시대 쥐라기 후기
- 크기 높이 : 3.0M 길이 : 9.0M
  무게 : 2,000KG

EUOPLOCEPHALUS

유오플로케팔루스

몸 전체가 갑옷과 가시로 덮여 있다. 엉덩이 근처에 있는 튼튼한 근육을 이용해 꼬리 끝에 달린 30Kg의 단단한 곤봉을 휘둘러 육식 공룡으로부터 자신을 보호함.

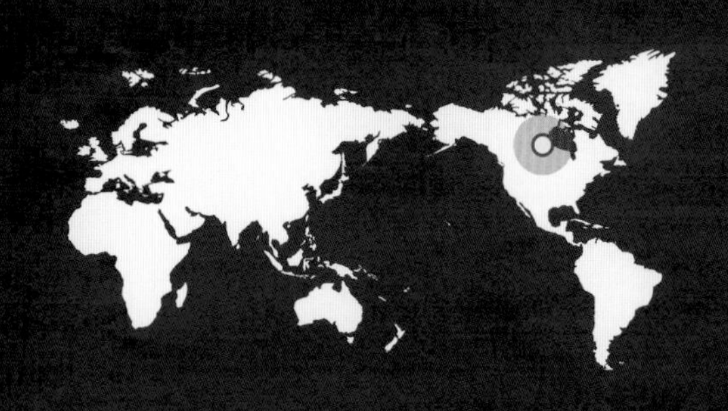

- 식성 초식
- 서식지 북미의 산림지대
- 시대 백악기 후기
- 크기 높이 : 1.8M 길이 : 6.5M
  무게 : 2,500KG

CHASMOSAURUS

카스모사우루스

코뿔소와 닮았으며, 커다란 프릴은 몸통의 3분의 1을 차지했다. 눈 위에 난 뿔이 50cm나 되어 육식 공룡을 쫓아내는 데 사용했을 것으로 보임.

- 식성 초식
- 서식지 북미 서부의 산림지대
- 시대 백악기 후기
- 크기 높이 : 2.3M 길이 : 5.2M
  무게 : 2,500KG

TRICERATOPS

트리케라톱스

각룡 중에서 가장 큼. 머리의 길이는 2m정도이며, 이마의 1m나 되는 튼튼한 두 개의 뿔과 코 위의 짧은 뿔이 특징임.

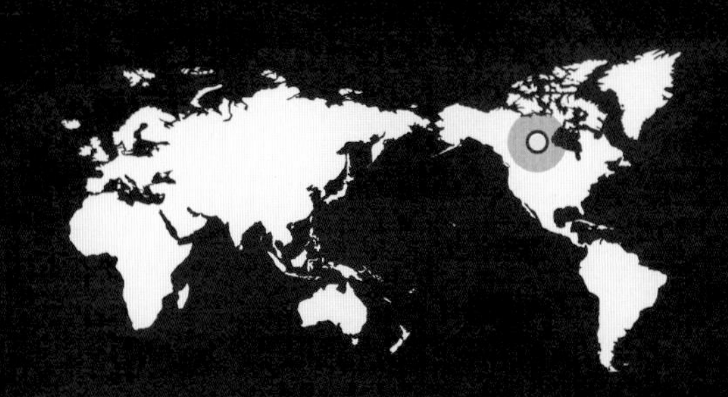

- 식성 초식
- 서식지 북미의 숲지대
- 시대 백악기 후기
- 크기 높이 : 3.5M 길이 : 9.0M
  무게 : 10,000KG

LEXOVISAURUS

렉소비사우루스

양쪽 어깨 부분에 1m정도 되는 뿔 모양의 골침이 있으며, 어깨와 꼬리 부분에 있는 골침은 스테고사우루스와는 달리 수평으로 되어 있음.

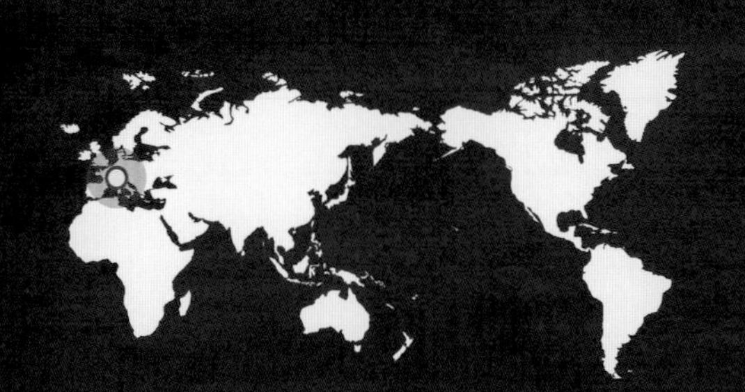

- 식성 초식
- 서식지 서유럽의 산림지대
- 시대 쥐라기 후기
- 크기 높이 : 2.7M 길이 : 5.2M
  무게 : 453KG

MONOCLONIUS

모노클로니우스

코 위에 1개의 뿔, 눈 위에 작은 돌기를 갖고 있음. 센트로사우르스와 닮았지만, 프릴의 형태가 다름.

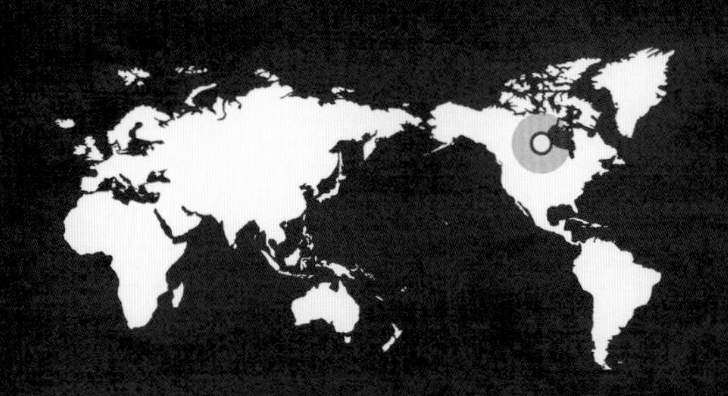

- 식성 초식
- 서식지 북미의 산림지대
- 시대 백악기 후기
- 크기 높이 : 2.7M 길이 : 6.1M
  무게 : 2,710KG

EDMONTONIA

에드몬토니아

노도사우루스과 중 가장 큰 체구, 목과 어깨에 세 개의 골침장갑판으로 된 띠를 두르고 있으며, 꼬리에 곤봉이 없는 형태임.

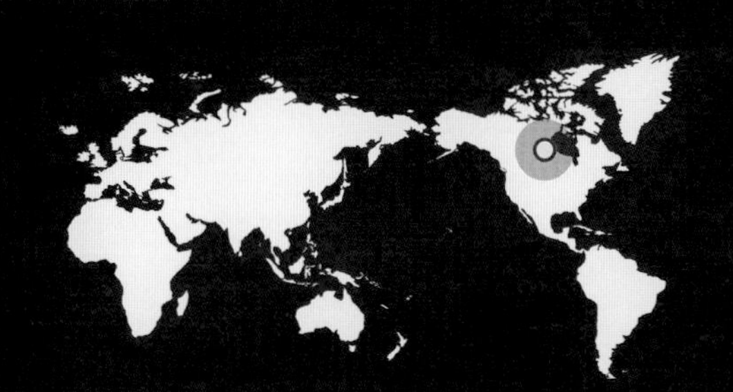

- 식성 초식
- 서식지 북미의 산림지대
- 시대 백악기 후기
- 크기 높이 : 2.0M 길이 : 7.0M
  무게 : 2,500KG

LAMBEOSAURUS

람베오사우루스

오리주둥이 공룡 중에서 몸 길이가 가장 긴 편이다. 머리 위에 커다랗고 텅 빈 볏이 있고 나이와 성별에 따라 모양이 달라짐.

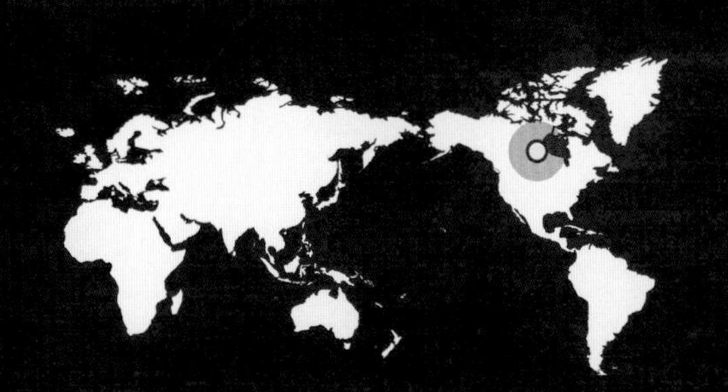

- 식성 초식
- 서식지 북미의 산림지대
- 시대 백악기 후기
- 크기 높이 : 4.5M 길이 : 13.0M
  무게 : 6,000KG

DACENTRURUS

다센트루루스

다른 공룡보다도 앞발이 길고 등이 낮음, 등의 골판은 꼬리로 가면서 가시 형태로 나있음. 꼬리 끝에는 뼈로 된 스파이크를 2줄 갖추고 있다.

- 식성 초식
- 서식지 서유럽의 산림지대
- 시대 쥐라기 후기
- 크기 높이 : 2.3M 길이 : 8.0M
  무게 : 2,000KG

LUFENGOSAURUS

루펜고사우루스

중국의 운남성 루펜에서 발견되었으며, 용각류 중에는 작은 편이다. 발가락의 날카로운 발톱이 특징이고 긴 꼬리로 중심을 잡고 이동했을 것으로 추정됨.

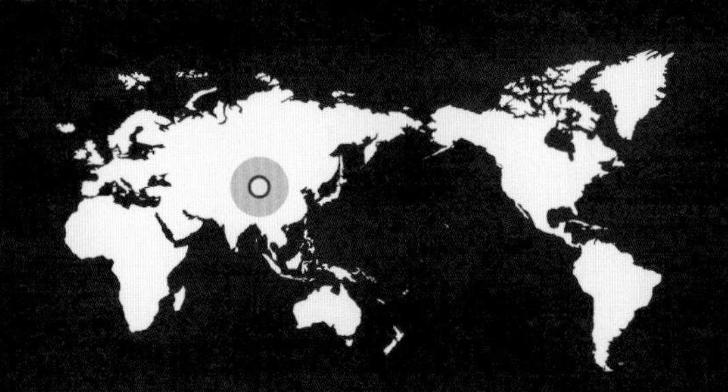

> 식성 초식
> 서식지 아시아의 산림지대
> 시대 쥐라기 전기
> 크기 높이 : 3.0M 길이 : 9.0M
무게 : 1,800KG

HYPACROSAURUS

히파크로사우루스

오리주둥이처럼 납작한 입과 작은 이빨을 갖고 있으며, 등줄기를 따라 높지 않은 뼈가 불거져 있다. 긴 네 발로 걸으며, 꼬리로 균형을 잡았음.

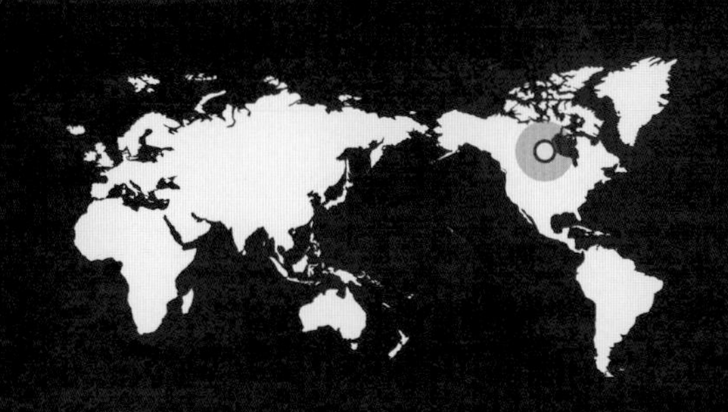

- 식성 초식
- 서식지 북미의 산림지대
- 시대 백악기 후기
- 크기 높이 : 3.5M 길이 : 9.0M
  무게 : 3,500KG

티렉스 공룡 카드 소개

카드 보는 방법

〈앞면〉
속성의 상성
매우 유리
약간 유리
불속성-공격력과 마법력이 강한 속성
물속성-공격력과 체력이 강한 속성
쇠속성-최강의 공격력과 마법방어력이 강한 속성
흙속성-최강의 마법력과 체력이 강한 속성
숲속성-전체적이 능력이 조화로운 속성
DINOSAURS CARD
T-REX THE KING OF DINOSAURS
DEC15
TI3019
6200
HEALTH
1280
ATTACK
530
MAGIC
250
DEFENCE
ALLOSAURUS
알로사우루스
쥐라기 시대 가장 크고 강한 육식 공룡. 자기보다
큰 초식공룡, 다른 육식 공룡까지도 먹이로 삼았으며,
강력한 뒷 발과 단단한 꼬리로 혼자 사냥하였음.
공룡의 능력치
공룡 소개
〈뒷면〉
DEC15
TI3019
티렉스
T-REX
THE KING OF DINOSAURS
DESCRIPTION OF THE DINOSAUR
[식성] 육식
[서식지] 북아메리카, 서유럽
[크기] 높이 : 3.0 M
길이 : 9.0 M
무게 : 1,400 KG
[시대] 쥐라기 후기
ALLOSAURUS
공룡의 특징
WHAT'S A DINOSAUR CARD?
HP : 체력 MAGIC : 마법공격력 ATTACK : 공격력 DEFENCE : 방어력
쇠 속성은 불, 물, 쇠, 흙, 숲으로 이루어진 5대 속성 중 하나로,
쇠 속성의 공룡은 흙 속성과 불 속성의 마법공격에 취약함.
쇠 속성의 마법은 물 속성과 숲 속성의 공룡에게 강력한 피해를 입힘.
쇠 속성의 공룡은 다른 속성의 마법 사용도 가능하지만
쇠 속성의 마법과 조합 시 높은 공격력의 보너스 능력치를 획득할 수 있으며,
다른 속성의 공룡들에 비해 공격력이 특별히 높은 특징이 있음.
HP
MAGIC
ATTACK
DEFENCE
onnuri KOREA
www.t-rexcard.com

DINOSAURS CARD
T-REX THE KING OF DINOSAURS
DEC15
TF3001
6700
HEALTH
1440
ATTACK
1120
MAGIC
200
DEFENCE
TYRANNOSAURUS
티라노사우루스
지구상 가장 무섭고 사나운 공룡. 거대한 꼬리와
날카로운 이빨로 뛰어난 사냥꾼으로 어떤 사냥감도
놓치지 않음. "티렉스" 라고도 함

T-REX THE KING OF DINOSAURS
DEC15
TF3001
티렉스
T-REX
THE KING OF DINOSAURS
DESCRIPTION OF THE DINOSAUR
[식성] 육식
[서식지] 북아메리카
[크기] 높이 : 4.0 M
길이 : 13.0 M
무게 : 9,000 KG
[시대] 백악기 후기
TYRANNOSAURUS
WHAT'S A DINOSAUR CARD?
HP : 체력 MAGIC : 마법공격력 ATTACK : 공격력 DEFENCE : 방어력
불 속성은 불, 물, 쇠, 흙, 숲으로 이루어진 5대 속성 중 하나로,
불 속성의 공룡은 물 속성과 흙 속성의 마법에 취약함.
불 속성의 마법은 숲 속성과 쇠 속성의 공룡에게 강력한 피해를 입힘.
불 속성의 공룡은 다른 속성의 마법 사용도 가능하지만
불 속성의 마법과 조합 시 공격력과 마법력의 보너스 능력치를 획득할 수 있으며,
다른 공룡들에 비해 공격력과 마법력이 높은 특징이 있음.
HP
MAGIC
ATTACK
DEFENCE
omnuri
www.t-rexcard.com

DINOSAURS CARD
T-REX THE KING OF DINOSAURS
DEC15
TF3009
6200
HEALTH
1280
ATTACK
800
MAGIC
150
DEFENCE
ALBERTOSAURUS
알베르토사우루스
티라노사우르스의 선조로 추정되며 다소 작음.
날카로운 이빨이 달린 큰 머리와, 달리기에 적합한
긴 뒷발을 가진 무서운 사냥꾼.

T-REX THE KING OF DINOSAURS
DEC15
TF3009
티렉스
T-REX
THE KING OF DINOSAURS
DESCRIPTION OF THE DINOSAUR
[식성] 육식
[서식지] 북미 서부의 산림지대
[크기] 높이 : 3.5 M
길이 : 8.5 M
무게 : 1,900 KG
[시대] 백악기 후기
ALBERTOSAURUS
WHAT'S A DINOSAUR CARD?
HP : 체력 MAGIC : 마법공격력 ATTACK : 공격력 DEFENCE : 방어력
불 속성은 불, 물, 쇠, 흙, 숲으로 이루어진 5대 속성 중 하나로,
불 속성의 공룡은 물 속성과 흙 속성의 마법에 취약함.
불 속성의 마법은 숲 속성과 쇠 속성의 공룡에게 강력한 피해를 입힘.
불 속성의 공룡은 다른 속성의 마법 사용도 가능하지만
불 속성의 마법과 조합 시 공격력과 마법력의 보너스 능력치를 획득할 수 있으며,
다른 공룡들에 비해 공격력과 마법력이 높은 특징이 있음.
HP
MAGIC
ATTACK
DEFENCE
omnuri
www.t-rexcard.com

DINOSAURS CARD
T-REX THE KING OF DINOSAURS
DEC15
TF1014
3700
HEALTH
730
ATTACK
570
MAGIC
150
DEFENCE
KENTROSAURUS
켄트로사우루스
등에는 골판이 있고 등 뒤쪽부터 꼬리에 걸쳐서 커다란 뿔가시가 있어, 접근하는 육식 공룡의 공격을 막아내는데 사용하였음.
SLOT

T-REX THE KING OF DINOSAURS
DEC15
TF1014
티렉스
T-REX
THE KING OF DINOSAURS
DESCRIPTION OF THE DINOSAUR
[식성] 초식
[서식지] 아프리카 동부의 숲지대
[크기] 높이 : 2.0 M
길이 : 5.0 M
무게 : 500 KG
[시대] 쥐라기 후기
KENTROSAURUS
WHAT'S A DINOSAUR CARD?
HP : 체력 MAGIC : 마법공격력 ATTACK : 공격력 DEFENCE : 방어력
불 속성은 불, 물, 쇠, 흙, 숲으로 이루어진 5대 속성 중 하나로,
불 속성의 공룡은 물 속성과 흙 속성의 마법에 취약함.
불 속성의 마법은 숲 속성과 쇠 속성의 공룡에게 강력한 피해를 입힘.
불 속성의 공룡은 다른 속성의 마법 사용도 가능하지만
불 속성의 마법과 조합 시 공격력과 마법력의 보너스 능력치를 획득할 수 있으며,
다른 공룡들에 비해 공격력과 마법력이 높은 특징이 있음.
HP
MAGIC
ATTACK
DEFENCE
onnuri KOREA www.t-rexcard.com

DINOSAURS CARD
T-REX THE KING OF DINOSAURS
DEC15
TF2017
4800
HEALTH
880
ATTACK
600
MAGIC
120
DEFENCE
PACHYRHINOSAURUS
파키리노사우루스
코나 눈 사이에 뿔 대신 뼈로 된 두꺼운 혹이 있으며, 머리를 보호하는 구실을 했을 것으로 추정됨.
SLOT

T-REX THE KING OF DINOSAURS
DEC15
TF2017
티렉스
T-REX
THE KING OF DINOSAURS
DESCRIPTION OF THE DINOSAUR
[식성] 초식
[서식지] 북미 서부의 산림지대
[크기] 높이 : 2.0 M
길이 : 8.0 M
무게 : 4,000 KG
[시대] 백악기 후기
PACHYRHINOSAURUS
WHAT'S A DINOSAUR CARD?
HP : 체력 MAGIC : 마법공격력 ATTACK : 공격력 DEFENCE : 방어력
불 속성은 불, 물, 쇠, 흙, 숲으로 이루어진 5대 속성 중 하나로,
불 속성의 공룡은 물 속성과 흙 속성의 마법에 취약함.
불 속성의 마법은 숲 속성과 쇠 속성의 공룡에게 강력한 피해를 입힘.
불 속성의 공룡은 다른 속성의 마법 사용도 가능하지만
불 속성의 마법과 조합 시 공격력과 마법력의 보너스 능력치를 획득할 수 있으며,
다른 공룡들에 비해 공격력과 마법력이 높은 특징이 있음.
HP
MAGIC
ATTACK
DEFENCE
onnuri KOREA www.t-rexcard.com

DINOSAURS CARD
T-REX THE KING OF DINOSAURS
DEC15
TF2021
4600
HEALTH
920
ATTACK
600
MAGIC
120
DEFENCE
CARNOTAURUS
카르노타우루스
머리가 다른 육식공룡들과 달리 앞뒤가 짧으며,
특이하게 눈 위에 1쌍의 뿔이 튀어나와있음.
발달한 뒷발과는 달리, 앞발은 상당히 짧음.
SLOT

T-REX THE KING OF DINOSAURS
DEC15
TF2021
티렉스
T-REX
THE KING OF DINOSAURS
DESCRIPTION OF THE DINOSAUR
[식성] 육식
[서식지] 남미의 평원지대
[크기] 높이 : 3.5 M
길이 : 9.0 M
무게 : 1,200 KG
[시대] 백악기 후기
CARNOTAURUS
WHAT'S A DINOSAUR CARD?
HP : 체력 MAGIC : 마법공격력 ATTACK : 공격력 DEFENCE : 방어력
불 속성은 불, 물, 쇠, 흙, 숲으로 이루어진 5대 속성 중 하나로,
불 속성의 공룡은 물 속성과 흙 속성의 마법에 취약함.
불 속성의 마법은 숲 속성과 쇠 속성의 공룡에게 강력한 피해를 입힘.
불 속성의 공룡은 다른 속성의 마법 사용도 가능하지만
불 속성의 마법과 조합 시 공격력과 마법력의 보너스 능력치를 획득할 수 있으며,
다른 공룡들에 비해 공격력과 마법력이 높은 특징이 있음.
HP
MAGIC
ATTACK
DEFENCE
onnuri KOREA
www.t-rexcard.com

DINOSAURS CARD
DEC15
TF1030
3500
HEALTH
700
ATTACK
600
MAGIC
150
DEFENCE
EINIOSAURUS
에이니오사우루스
코 위에 솟아난 뿔의 모양이 특이하게 아래 방향으로
휘어 있는 특징이 있으며, 현재의 들소와 비슷한
이미지로 무리지어 살았음.
SLOT

T-REX THE KING OF DINOSAURS
DEC15
TF1030
티렉스
T-REX
THE KING OF DINOSAURS
DESCRIPTION OF THE DINOSAUR
[식성] 초식
[서식지] 북미의 산림지대
[크기] 높이 : 2.0 M
길이 : 5.0 M
무게 : 1,500 KG
[시대] 백악기 후기
EINIOSAURUS
WHAT'S A DINOSAUR CARD?
HP : 체력 MAGIC : 마법공격력 ATTACK : 공격력 DEFENCE : 방어력
불 속성은 불, 물, 쇠, 흙, 숲으로 이루어진 5대 속성 중 하나로,
불 속성의 공룡은 물 속성과 흙 속성의 마법에 취약함.
불 속성의 마법은 숲 속성과 쇠 속성의 공룡에게 강력한 피해를 입힘.
불 속성의 공룡은 다른 속성의 마법 사용도 가능하지만
불 속성의 마법과 조합 시 공격력과 마법력의 보너스 능력치를 획득할 수 있으며,
다른 공룡들에 비해 공격력과 마법력이 높은 특징이 있음.
HP
MAGIC
ATTACK
DEFENCE
onnuri KOREA
www.t-rexcard.com

DINOSAURS CARD
T-REX THE KING OF DINOSAURS
DEC15
TF1041
3600
HEALTH
700
ATTACK
550
MAGIC
180
DEFENCE
PANOPLOSAURUS
파노플로사우루스
육중한 몸에 짧은 다리와 짧은 목을 갖고 있으며,
몸통 옆에 긴 골침을 갖고 몸을 보호했으며,
공룡시대의 마지막까지 살았던 노도사우루스류임.
SLOT

T-REX THE KING OF DINOSAURS
DEC15
TF1041
티렉스
T-REX
THE KING OF DINOSAURS
DESCRIPTION OF THE DINOSAUR
[식성] 초식
[서식지] 북미의 산림지대
[크기] 높이 : 2.5 M
길이 : 7.0 M
무게 : 2,500 KG
[시대] 백악기 후기
PANOPLOSAURUS
WHAT'S A DINOSAUR CARD?
HP : 체력 MAGIC : 마법공격력 ATTACK : 공격력 DEFENCE : 방어력
불 속성은 불, 물, 쇠, 흙, 숲으로 이루어진 5대 속성 중 하나로,
불 속성의 공룡은 물 속성과 흙 속성의 마법에 취약함.
불 속성의 마법은 숲 속성과 쇠 속성의 공룡에게 강력한 피해를 입힘.
불 속성의 공룡은 다른 속성의 마법 사용도 가능하지만
불 속성의 마법과 조합 시 공격력과 마법력의 보너스 능력치를 획득할 수 있으며,
다른 공룡들에 비해 공격력과 마법력이 높은 특징이 있음.
HP
MAGIC
ATTACK
DEFENCE
onnuri KOREA
www.t-rexcard.com

DINOSAURS CARD
T-REX THE KING OF DINOSAURS
DEC15
TF3047
5800
HEALTH
1170
ATTACK
930
MAGIC
150
DEFENCE
DICERATOPS
디케라톱스
트리케라톱스와 프릴에 작은 구멍들을 갖고 있고,
코에 뿔이 아닌 동그란 혹을 갖고 있는 차이를 보이며,
디케라톱스, 디케라투스에서 학명이 변경된 공룡임.
SLOT

T-REX THE KING OF DINOSAURS
DEC15
TF3047
티렉스
T-REX
THE KING OF DINOSAURS
DESCRIPTION OF THE DINOSAUR
[식성] 초식
[서식지] 북미의 산림지대
[크기] 높이 : 2.7 M
길이 : 30.0 M
무게 : 10,866 KG
[시대] 백악기 후기
DICERATOPS
WHAT'S A DINOSAUR CARD?
HP : 체력 MAGIC : 마법공격력 ATTACK : 공격력 DEFENCE : 방어력
불 속성은 불, 물, 쇠, 흙, 숲으로 이루어진 5대 속성 중 하나로,
불 속성의 공룡은 물 속성과 흙 속성의 마법에 취약함.
불 속성의 마법은 숲 속성과 쇠 속성의 공룡에게 강력한 피해를 입힘.
불 속성의 공룡은 다른 속성의 마법 사용도 가능하지만
불 속성의 마법과 조합 시 공격력과 마법력의 보너스 능력치를 획득할 수 있으며,
다른 공룡들에 비해 공격력과 마법력이 높은 특징이 있음.
HP
MAGIC
ATTACK
DEFENCE
onnuri KOREA
www.t-rexcard.com

DINOSAURS CARD
T-REX THE KING OF DINOSAURS
DEC15
TF2048
4400
HEALTH
920
ATTACK
640
MAGIC
120
DEFENCE
PACHYCEPHALOSAURUS
파키케팔로사우루스
머리에 헬멧을 쓴 것처럼 불쑥 솟아 있는데
두꺼운 머리에 비해 뇌가 작아 호두알만 함.
수컷이 암컷을 차지하기 위해 박치기하며 싸움.
SLOT

T-REX THE KING OF DINOSAURS
DEC15
TF2048
티렉스
T-REX
THE KING OF DINOSAURS
DESCRIPTION OF THE DINOSAUR
[식성] 초식
[서식지] 북미의 숲지대
[크기] 높이 : 1.7M
길이 : 5.0M
무게 : 450 KG
[시대] 백악기 후기
PACHYCEPHALOSAURUS
WHAT'S A DINOSAUR CARD?
HP : 체력 MAGIC : 마법공격력 ATTACK : 공격력 DEFENCE : 방어력
HP
MAGIC
ATTACK
DEFENCE
www.t-rexcard.com

DINOSAURS CARD
T-REX THE KING OF DINOSAURS
DEC15
TF3050
6600
HEALTH
1170
ATTACK
880
MAGIC
180
DEFENCE
SALTASAURUS
살타사우루스
용각류 중에서는 목이 짧고 꼬리가 긴 편이며,
발가락에 날카로운 발톱과 꼬리로 육식공룡의 공격을
물리쳤으며, 등에 골판이 있는 것이 특징임.
SLOT

T-REX THE KING OF DINOSAURS
DEC15
TF3050
티렉스
T-REX
THE KING OF DINOSAURS
DESCRIPTION OF THE DINOSAUR
[식성] 초식
[서식지] 남미의 산림지대
[크기] 높이 : 2.5M
길이 : 12.0M
무게 : 7,000 KG
[시대] 백악기 후기
SALTASAURUS
WHAT'S A DINOSAUR CARD?
HP : 체력 MAGIC : 마법공격력 ATTACK : 공격력 DEFENCE : 방어력
HP
MAGIC
ATTACK
DEFENCE
www.t-rexcard.com

DINOSAURS CARD
T-REX THE KING OF DINOSAURS
V3. MAY17
TW2003
CENTROSAURUS
센트로사우르스
날카로운 뿔이 있고, 양쪽 눈위에는 작은 돌기가 있음.
목에 붙어있는 돌기는 상대의 공격을 막는 역할을 함.
5300
HEALTH
840
ATTACK
480
MAGIC
160
DEFENCE
TYPE
B
SLOT

V3.MAY17
TW2003
T-REX THE KING OF DINOSAURS
티렉스
T-REX
THE KING OF DINOSAURS
DESCRIPTION OF THE DINOSAUR
[식성] 초식
[서식지] 북미의 숲지대
[크기] 높이 : 2.3 M 길이 : 6.0 M
무게 : 2,600 KG
[시대] 백악기 후기
CENTROSAURUS
WHAT'S A DINOSAUR CARD?
티렉스 게임에는 불, 물, 식, 흙, 숲 총 5가지의 속성이 있다.
물 속성의 공룡은 식 속성과 숲 속성의 마법에 취약하고,
물 속성의 마법은 불 속성과 흙 속성의 공룡에게 강력한 피해를 입힌다.
물 속성 공룡은 다른 공룡에 비해 공격력과 체력이 높은 특징이 있으며,
같은 속성 마법으로 조합하면 공격력과 체력의 보너스 능력치가 있다.
공룡카드는 형태에 따라 A B C D E 타입으로 정해져 있다.
공룡의 타입에 따라 마법 사용시 추가적인 효과를 주는 조건 마법도 있다.
HEALTH
ATTACK
MAGIC
DEFENCE
onnuri KOREA
www.t-rexcard.com

DINOSAURS CARD
T-REX THE KING OF DINOSAURS
DEC15
TW1005
4600
HEALTH
670
ATTACK
430
MAGIC
130
DEFENCE
STYRACOSAURUS
스티라코사우루스
코 위의 커다란 뿔과 프릴 가장자리의 뿔들이
크고 길며, 육식공룡의 공격을 막는 무기로
사용했을 것으로 추정됨.
SLOT

T-REX THE KING OF DINOSAURS
DEC15
TW1005
티렉스
T-REX
THE KING OF DINOSAURS
DESCRIPTION OF THE DINOSAUR
[식성] 초식
[서식지] 북미의 산림지대
[크기] 높이 : 2.0 M
길이 : 5.5 M
무게 : 3,000 KG
[시대] 백악기 후기
STYRACOSAURUS
WHAT'S A DINOSAUR CARD?
HP : 체력 MAGIC : 마법공격력 ATTACK : 공격력 DEFENCE : 방어력
물 속성은 불, 물, 식, 흙, 숲으로 이루어진 5대 속성 중 하나로,
물 속성의 공룡은 식 속성과 숲 속성의 마법에 취약함.
물 속성의 마법은 불 속성과 흙 속성의 공룡에게 강력한 피해를 입힘.
물 속성의 공룡은 다른 속성의 마법 사용도 가능하지만
물 속성의 마법과 조합 시 공격력과 체력의 보너스 능력치를 획득할 수 있으며,
다른 속성의 공룡들에 비해 공격력과 체력이 높은 특징이 있음.
HP
MAGIC
ATTACK
DEFENCE
onnuri KOREA
www.t-rexcard.com

SPINOSAURUS
JUL16
T007
T-REX THE KING OF DINOSA
1200
ATTACK
8300
HEALTH
800
MAGIC
200
DEFENCE
스피노사우루스
TYPE
대형 육식 공룡이며, 등에 돛이 있으며, 최대 180cm나 되었음.
머리는 악어처럼 생겼고, 물가나 늪지대에서 물고기를
사냥했을 것으로 추정됨.
DINOSAURS CARD

JUL16
T007
T-REX THE KING OF DINOSAURS
티렉스
T-REX
THE KING OF DINOSAURS
DESCRIPTION OF THE DINOSAUR
[식성] 육식
[서식지] 아프리카의 강변지대와 초원지대
[크기] 높이 : 5.0 M 길이 : 16.0 M
무게 : 9,000 KG
[시대] 백악기 후기
SPINOSAURUS
WHAT'S A DINOSAUR CARD?
티렉스 게임에는 불, 물, 쇠, 흙, 숲 총 5가지의 속성이 있다.
물 속성의 공룡은 쇠 속성과 숲 속성의 마법에 취약하고,
물 속성의 마법은 불 속성과 흙 속성의 공룡에게 강력한 피해를 입힌다.
물 속성 공룡은 다른 공룡에 비해 공격력과 체력이 높은 특징이 있으며,
같은 속성 마법으로 조합하면 공격력과 체력의 보너스 능력치가 있다.
공룡카드는 형태에 따라 A B C D E 타입으로 정해져 있다.
공룡의 타입에 따라 마법 사용시 추가적인 효과를 주는 조건 마법도 있다.
HEALTH
MAGIC
ATTACK
DEFENCE
onnuri KOREA www.t-rexcard.com

DINOSAURS CARD
DEC15
TW1015
T-REX THE KING OF DINOSAURS
4600
HEALTH
670
ATTACK
370
MAGIC
160
DEFENCE
HUAYANGOSAURUS
후아양고사우루스
검룡중에서 작고 원시적임. 스테고사우루스와 비슷하나
어깨에 창 모양의 골판이 있고, 엉덩이에 두개의
큰 골침이 있으며, 꼬리 끝에도 4개의 골침이 있음.
SLOT

T-REX THE KING OF DINOSAURS
DEC15
TW1015
티렉스
T-REX
THE KING OF DINOSAURS
DESCRIPTION OF THE DINOSAUR
[식성] 초식
[서식지] 아시아의 산림지대
[크기] 높이 : 1.6 M
길이 : 4.5 M
무게 : 400 KG
[시대] 쥐라기 중기
HUAYANGOSAURUS
WHAT'S A DINOSAUR CARD?
HP : 체력 MAGIC : 마법공격력 ATTACK : 공격력 DEFENCE : 방어력
물 속성은 불, 물, 쇠, 흙, 숲으로 이루어진 5대 속성 중 하나로,
물 속성의 공룡은 쇠 속성과 숲 속성의 마법에 취약함.
물 속성의 마법은 불 속성과 흙 속성의 공룡에게 강력한 피해를 입힘.
물 속성의 공룡은 다른 속성의 마법 사용도 가능하지만
물 속성의 마법과 조합 시 공격력과 체력의 보너스 능력치를 획득할 수 있으며,
다른 속성의 공룡들에 비해 공격력과 체력이 높은 특징이 있음.
HP
MAGIC
ATTACK
DEFENCE
onnuri KOREA www.t-rexcard.com

SUCHOMIMUS
JUL16
T020
T-REX THE KING OF DINOSAURS
780
ATTACK
5300
HEALTH
480
MAGIC
130
DEFENCE
스코미무스
TYPE A
백악기 공룡으로 주둥이가 긴 것이 특징임. 긴 턱에 수백 개의 이가 있어 주로 물고기를 사냥했을 것으로 추정됨.
DINOSAURS CARD

JUL16
T020
T-REX THE KING OF DINOSAURS
티렉스
T-REX
THE KING OF DINOSAURS
DESCRIPTION OF THE DINOSAUR
[식성] 육식
[서식지] 아프리카 강과 호수
[크기] 높이 : 4.0 M 길이 : 12.0 M
무게 : 5,000 KG
[시대] 백악기 후기
SUCHOMIMU
WHAT'S A DINOSAUR CARD?
티렉스 게임에는 불, 물, 식, 흙, 숲 총 5가지의 속성이 있다.
물 속성의 공룡은 식 속성과 숲 속성의 마법에 취약하고,
물 속성의 마법은 불 속성과 흙 속성의 공룡에게 강력한 피해를 입힌다.
물 속성 공룡은 다른 공룡에 비해 공격력과 체력이 높은 특징이 있으며,
같은 속성 마법으로 조합하면 공격력과 체력의 보너스 능력치가 있다.
공룡카드는 형태에 따라 A B C D E 타입으로 정해져 있다.
공룡의 타입에 따라 마법 사용시 추가적인 효과를 주는 조건 마법도 있다.
HEALTH
MAGIC
ATTACK
DEFENCE
onnuri KOREA www.t-rexcard.com

DINOSAURS CARD
DEC15
TW1028
T-REX THE KING OF DINOSAURS
4800
HEALTH
670
ATTACK
400
MAGIC
160
DEFENCE
PARASAUROLOPHOUS
파라사우롤로푸스
머리 뒤쪽에 길이 2m나 되는 긴 돌출부가 있으며 속이 비어 있어 소리를 증폭하는데 사용했으며, 입이 오리처럼 넓적하였으며, 온순한 초식동물임.
SLOT

T-REX THE KING OF DINOSAURS
DEC15
TW1028
티렉스
T-REX
THE KING OF DINOSAURS
DESCRIPTION OF THE DINOSAUR
[식성] 초식
[서식지] 북아메리카
[크기] 높이 : 4.8 M
길이 : 10.0 M
무게 : 3,170 KG
[시대] 백악기 후기
PARASAUROLOPHOUS
WHAT'S A DINOSAUR CARD?
HP : 체력 MAGIC : 마법공격력 ATTACK : 공격력 DEFENCE : 방어력
물 속성은 불, 물, 식, 흙, 숲으로 이루어진 5대 속성 중 하나로,
물 속성의 공룡은 식 속성과 숲 속성의 마법에 취약함.
물 속성의 마법은 불 속성과 흙 속성의 공룡에게 강력한 피해를 입힘.
물 속성의 공룡은 다른 속성의 마법 사용도 가능하지만
물 속성의 마법과 조합 시 공격력과 체력의 보너스 능력치를 획득할 수 있으며,
다른 속성의 공룡들에 비해 공격력과 체력이 높은 특징이 있음.
HP
MAGIC
ATTACK
DEFENCE
onnuri KOREA www.t-rexcard.com

DINOSAURS CARD
T-REX THE KING OF DINOSAURS
DEC15
TW1034
4600
HEALTH
730
ATTACK
370
MAGIC
130
DEFENCE
ACROCANTHOSAURUS
아크로칸토사우루스
비교적 작은 머리를 갖고 있는 육식공룡이나
알로사우루스보다 먹이를 무는 힘이 더 강했을 것
으로 추정되며, 낫처럼 생긴 3개의 발톱이 특징임

DEC15
TW1034
티렉스
T-REX
THE KING OF DINOSAURS
DESCRIPTION OF THE DINOSAUR
[식성] 육식
[서식지] 북미의 산림지대
[크기] 높이 : 5.0 M
길이 : 12.0 M
무게 : 2,500 KG
[시대] 백악기 전기
ACROCANTHOSAURUS
WHAT'S A DINOSAUR CARD?
HP : 체력 MAGIC : 마법공격력 ATTACK : 공격력 DEFENCE : 방어력
물 속성은 불, 물, 식, 휴, 숲으로 이루어진 5대 속성 중 하나로,
물 속성의 공룡은 식 속성과 숲 속성의 마법에 취약함.
물 속성의 마법은 불 속성과 휴 속성의 공룡에게 강력한 피해를 입힘.
물 속성의 공룡은 다른 속성의 마법 사용도 가능하지만
물 속성의 마법과 조합 시 공격력과 체력의 보너스 능력치를 획득할 수 있으며,
다른 속성의 공룡들에 비해 공격력과 체력이 높은 특징이 있음.
HP
MAGIC
ATTACK
DEFENCE
onnuri KOREA
www.t-rexcard.com

DINOSAURS CARD
T-REX THE KING OF DINOSAURS
DEC15
TW1035
4400
HEALTH
650
ATTACK
350
MAGIC
130
DEFENCE
CRYOLOPHOSAURUS
크리올로포사우루스
남극에서 발견된 최초의 육식공룡이며,
딜로포사우루스와 닮았으나, 얼굴에 부채모양의 주름진
볏이 있어 짝짓기를 위해 활용했을 것으로 추정됨.

DEC15
TW1035
티렉스
T-REX
THE KING OF DINOSAURS
DESCRIPTION OF THE DINOSAUR
[식성] 육식
[서식지] 남극의 평원지대
[크기] 높이 : 2.0 M
길이 : 6.0 M
무게 : 500 KG
[시대] 쥐라기 전기
CRYOLOPHOSAURUS
WHAT'S A DINOSAUR CARD?
HP : 체력 MAGIC : 마법공격력 ATTACK : 공격력 DEFENCE : 방어력
물 속성은 불, 물, 식, 휴, 숲으로 이루어진 5대 속성 중 하나로,
물 속성의 공룡은 식 속성과 숲 속성의 마법에 취약함.
물 속성의 마법은 불 속성과 휴 속성의 공룡에게 강력한 피해를 입힘.
물 속성의 공룡은 다른 속성의 마법 사용도 가능하지만
물 속성의 마법과 조합 시 공격력과 체력의 보너스 능력치를 획득할 수 있으며,
다른 속성의 공룡들에 비해 공격력과 체력이 높은 특징이 있음.
HP
MAGIC
ATTACK
DEFENCE
onnuri KOREA
www.t-rexcard.com

DINOSAURS CARD
T-REX THE KING OF DINOSAURS
DEC15
TW1039
4800
HEALTH
670
ATTACK
350
MAGIC
130
DEFENCE
ACHELOUSAURUS
아켈로우사우루스
1.6m의 거대한 프릴을 갖고 있고, 코의 뿔이 뭉툭한 직사각형 모양으로 생겼으나 다른 뿔보다 튼튼해서 육식공룡으로부터 방어할 수 있었을 것으로 추정됨.
SLOT

T-REX THE KING OF DINOSAURS
DEC15
TW1039
티렉스
T-REX
THE KING OF DINOSAURS
DESCRIPTION OF THE DINOSAUR
[식성] 초식
[서식지] 북미의 산림지대
[크기] 높이 : 2.3 M
길이 : 6.0 M
무게 : 2,500 KG
[시대] 백악기 후기
ACHELOUSAURUS
WHAT'S A DINOSAUR CARD?
HP : 체력 MAGIC : 마법공격력 ATTACK : 공격력 DEFENCE : 방어력
물 속성은 불, 물, 식, 휴, 숲으로 이루어진 5개 속성 중 하나로,
물 속성의 공룡은 식 속성과 숲 속성의 마법에 취약함.
물 속성의 마법은 불 속성과 휴 속성의 공룡에게 강력한 피해를 입힘.
물 속성의 공룡은 다른 속성의 마법 사용도 가능하지만
물 속성의 마법과 조합 시 공격력과 체력의 보너스 능력치를 획득할 수 있으며,
다른 속성의 공룡들에 비해 공격력과 체력이 높은 특징이 있음.
HP
MAGIC
ATTACK
DEFENCE
onnuri
www.t-rexcard.com

AMARGASAURUS
JUL16
T045
T-REX THE KING OF DINOSAURS
1120
ATTACK
8000
HEALTH
640
MAGIC
180
DEFENCE
아마르가사우루스
TYPE E
목부터 등줄기를 따라 엉덩이까지 돌기가 있으며 돛 형태에 더 가까운 것으로 보이며, 목과 꼬리가 길어 꼬리를 방어용으로 사용할 수 있을 것으로 추정됨.
SLOT
DINOSAURS CARD

JUL16
T045
T-REX THE KING OF DINOSAURS
티렉스
T-REX
THE KING OF DINOSAURS
DESCRIPTION OF THE DINOSAUR
[식성] 초식
[서식지] 남미의 산림지대
[크기] 높이 : 2.3 M 길이 : 10.0 M
무게 : 2,500 KG
[시대] 백악기 전기
AMARGASAURUS
WHAT'S A DINOSAUR CARD?
티렉스 게임에는 불, 물, 식, 휴, 숲 총 5가지의 속성이 있다.
물 속성의 공룡은 식 속성과 숲 속성의 마법에 취약하고,
물 속성의 마법은 불 속성과 휴 속성의 공룡에게 강력한 피해를 입힌다.
물 속성 공룡은 다른 공룡에 비해 공격력과 체력이 높은 특징이 있으며,
같은 속성 마법으로 조합하면 공격력과 체력의 보너스 능력치가 있다.
공룡카드는 형태에 따라 A B C D E 타입으로 정해져 있다.
공룡의 타입에 따라 마법 사용시 추가적인 효과를 주는 조건 마법도 있다.
더욱 다양한 게임공략을 티렉스카드 홈페이지에서 만나보세요 !
HEALTH
MAGIC
ATTACK
DEFENCE
onnuri
www.t-rexcard.com

DINOSAURS CARD
T-REX THE KING OF DINOSAURS
V3. MAY17
TW1046
WUERHOSAURUS
우에르사우루스
검룡류 중 가장 늦게까지 살아남음. 목에서 꼬리가 붙어있는 부분까지,
장방형의 골판이 늘어서 있음. 꼬리 끝에도 쌍으로 이뤄진 가시가 있음.
4400
HEALTH
670
ATTACK
350
MAGIC
130
DEFENCE
C
SLOT

V3.MAY17
TW1046
T-REX THE KING OF DINOSAURS
티렉스
T-REX
THE KING OF DINOSAURS
DESCRIPTION OF THE DINOSAUR
[식성] 초식
[서식지] 아시아의 산림지대
[크기] 높이 : 2.3 M 길이 : 7.0 M
무게 : 3,500 KG
[시대] 백악기 전기
WUERHOSAURUS
WHAT'S A DINOSAUR CARD?
티렉스 게임에는 불, 물, 쇠, 흙, 숲 총 5가지의 속성이 있다.
물 속성의 공룡은 쇠 속성과 숲 속성의 마법에 취약하고,
물 속성의 마법은 불 속성과 흙 속성의 공룡에게 강력한 피해를 입힌다.
물 속성 공룡은 다른 공룡에 비해 공격력과 체력이 높은 특징이 있으며,
같은 속성 마법으로 조합하면 공격력과 체력의 보너스 능력치가 있다.
공룡카드는 형태에 따라 A B C D E 타입으로 정해져 있다.
공룡의 타입에 따라 마법 사용시 추가적인 효과를 주는 조건 마법도 있다.
더욱 다양한 게임공략을 티렉스카드 홈페이지에서 만나보세요 !
HEALTH
ATTACK
MAGIC
DEFENCE
onnuri KOREA www.t-rexcard.com

DINOSAURS CARD
T-REX THE KING OF DINOSAURS
DEC15
TI1002
3600
HEALTH
750
ATTACK
300
MAGIC
200
DEFENCE
DILOPHOSAURUS
딜로포사우루스
날씬한 몸매와 긴 꼬리로 달리는 속도가
빠른 육식공룡. 머리에 두개의 볏이 있고
수컷에게만 있었던 것으로 판단됨.

T-REX THE KING OF DINOSAURS
DEC15
TI1002
티렉스
T-REX
THE KING OF DINOSAURS
DESCRIPTION OF THE DINOSAUR
[식성] 육식
[서식지] 중국 북미의 산림지대
[크기] 높이 : 2.5 M
길이 : 6.0 M
무게 : 500 KG
[시대] 쥐라기 전기
DILOPHOSAURUS
WHAT'S A DINOSAUR CARD?
HP : 체력 MAGIC : 마법공격력 ATTACK : 공격력 DEFENCE : 방어력
쇠 속성은 불, 물, 쇠, 흙, 숲으로 이루어진 5대 속성 중 하나로,
쇠 속성의 공룡은 흙 속성과 불 속성의 마법공격에 취약함.
쇠 속성의 마법은 물 속성과 숲 속성의 공룡에게 강력한 피해를 입힘.
쇠 속성의 공룡은 다른 속성의 마법 사용도 가능하지만
쇠 속성의 마법과 조합 시 높은 공격력의 보너스 능력치를 획득할 수 있으며,
다른 속성의 공룡들에 비해 공격력이 특별히 높은 특징이 있음.
HP
MAGIC
ATTACK
DEFENCE
onnuri KOREA www.t-rexcard.com

DINOSAURS CARD
T-REX THE KING OF DINOSAURS
DEC15
TI2006
4100
HEALTH
960
ATTACK
400
MAGIC
200
DEFENCE
UTAHRAPTOR
유타랩터
성질이 매우 사납고 무리지어서 생활했으며, 30cm의 큰 갈고리 같은 뒷발톱으로 사냥하였으며, 벨로키랍토르와 크기만 다를뿐 먹이나 생활습성이 거의 같음.

T-REX THE KING OF DINOSAURS
DEC15
TI2006
티렉스
T-REX
THE KING OF DINOSAURS
DESCRIPTION OF THE DINOSAUR
[식성] 육식
[서식지] 북아메리카
[크기] 높이 : 2.0 M
길이 : 7.0 M
무게 : 700 KG
[시대] 백악기 전기
UTAHRAPTOR
WHAT'S A DINOSAUR CARD?
HP : 체력 MAGIC : 마법공격력 ATTACK : 공격력 DEFENCE : 방어력
쇠 속성은 불, 물, 쇠, 흙, 숲으로 이루어진 5대 속성 중 하나로,
쇠 속성의 공룡은 흙 속성과 불 속성의 마법공격에 취약함.
쇠 속성의 마법은 물 속성과 숲 속성의 공룡에게 강력한 피해를 입힘.
쇠 속성의 공룡은 다른 속성의 마법 사용도 가능하지만
쇠 속성의 마법과 조합 시 높은 공격력의 보너스 능력치를 획득할 수 있으며,
다른 속성의 공룡들에 비해 공격력이 특별히 높은 특징이 있음.
HP
MAGIC
ATTACK
DEFENCE
onnuri
www.t-rexcard.com

DINOSAURS CARD
T-REX THE KING OF DINOSAURS
DEC15
TI2012
4600
HEALTH
860
ATTACK
420
MAGIC
230
DEFENCE
CERATOSAURUS
케라토사우루스
강한 턱과 이빨, 짧은 앞다리와 튼튼한 뒷다리 등 사냥하기에 좋은 체격 조건을 갖추고 있으며, 자기보다 큰 공룡도 무리지어 사냥했을 것으로 보임.

T-REX THE KING OF DINOSAURS
DEC15
TI2012
티렉스
T-REX
THE KING OF DINOSAURS
DESCRIPTION OF THE DINOSAUR
[식성] 육식
[서식지] 북미 남부의 늪지대
[크기] 높이 : 1.6 M
길이 : 6.0 M
무게 : 650 KG
[시대] 쥐라기 후기
CERATOSAURUS
WHAT'S A DINOSAUR CARD?
HP : 체력 MAGIC : 마법공격력 ATTACK : 공격력 DEFENCE : 방어력
쇠 속성은 불, 물, 쇠, 흙, 숲으로 이루어진 5대 속성 중 하나로,
쇠 속성의 공룡은 흙 속성과 불 속성의 마법공격에 취약함.
쇠 속성의 마법은 물 속성과 숲 속성의 공룡에게 강력한 피해를 입힘.
쇠 속성의 공룡은 다른 속성의 마법 사용도 가능하지만
쇠 속성의 마법과 조합 시 높은 공격력의 보너스 능력치를 획득할 수 있으며,
다른 속성의 공룡들에 비해 공격력이 특별히 높은 특징이 있음.
HP
MAGIC
ATTACK
DEFENCE
onnuri
www.t-rexcard.com

DINOSAURS CARD
T-REX THE KING OF DINOSAURS
DEC15
TI3019
6200
HEALTH
1280
ATTACK
530
MAGIC
250
DEFENCE
ALLOSAURUS
알로사우루스
쥐라기 시대 가장 크고 강한 육식 공룡. 자기보다 큰 초식공룡, 다른 육식 공룡까지도 먹이로 삼았으며, 강력한 뒷 발과 단단한 꼬리로 혼자 사냥하였음.
SLOT

T-REX THE KING OF DINOSAURS
DEC15
TI3019
티렉스
T-REX
THE KING OF DINOSAURS
DESCRIPTION OF THE DINOSAUR
[식성] 육식
[서식지] 북아메리카, 서유럽
[크기] 높이 : 3.0 M
길이 : 9.0 M
무게 : 1,400 KG
[시대] 쥐라기 후기
ALLOSAURUS
WHAT'S A DINOSAUR CARD?
HP : 체력 MAGIC : 마법공격력 ATTACK : 공격력 DEFENCE : 방어력
쇠 속성은 불, 물, 쇠, 흙, 숲으로 이루어진 5대 속성 중 하나로,
쇠 속성의 공룡은 흙 속성과 불 속성의 마법공격에 취약함.
쇠 속성의 마법은 물 속성과 숲 속성의 공룡에게 강력한 피해를 입힘.
쇠 속성의 공룡은 다른 속성의 마법 사용도 가능하지만
쇠 속성의 마법과 조합 시 높은 공격력의 보너스 능력치를 획득할 수 있으며,
다른 속성의 공룡들에 비해 공격력이 특별히 높은 특징이 있음.
HP
MAGIC
ATTACK
DEFENCE
onnuri
www.t-rexcard.com

DINOSAURS CARD
T-REX THE KING OF DINOSAURS
DEC15
TI2022
4400
HEALTH
900
ATTACK
400
MAGIC
200
DEFENCE
MONOLOPHOSAURUS
모노로포사우루스
코에서 눈위에 걸쳐서 내부가 공동인 볏이 있으며, 아시아 대륙에 살았던 육식공룡임.
SLOT

T-REX THE KING OF DINOSAURS
DEC15
TI2022
티렉스
T-REX
THE KING OF DINOSAURS
DESCRIPTION OF THE DINOSAUR
[식성] 육식
[서식지] 아시아의 산림지대
[크기] 높이 : 1.4 M
길이 : 5.0 M
무게 : 400 KG
[시대] 쥐라기 중기
MONOLOPHOSAURUS
WHAT'S A DINOSAUR CARD?
HP : 체력 MAGIC : 마법공격력 ATTACK : 공격력 DEFENCE : 방어력
쇠 속성은 불, 물, 쇠, 흙, 숲으로 이루어진 5대 속성 중 하나로,
쇠 속성의 공룡은 흙 속성과 불 속성의 마법공격에 취약함.
쇠 속성의 마법은 물 속성과 숲 속성의 공룡에게 강력한 피해를 입힘.
쇠 속성의 공룡은 다른 속성의 마법 사용도 가능하지만
쇠 속성의 마법과 조합 시 높은 공격력의 보너스 능력치를 획득할 수 있으며,
다른 속성의 공룡들에 비해 공격력이 특별히 높은 특징이 있음.
HP
MAGIC
ATTACK
DEFENCE
onnuri
www.t-rexcard.com

DINOSAURS CARD
T-REX THE KING OF DINOSAURS
DEC15
TI1031
3800
HEALTH
770
ATTACK
350
MAGIC
230
DEFENCE
MEGARAPTOR
메가랩터
유타랍토르보다 30% 이상 더 거대하며, 앞발에
35cm정도 되는 길이의 갈고리 모양의 발톱이 있음.

T-REX THE KING OF DINOSAURS
DEC15
TI1031
티렉스
T-REX
THE KING OF DINOSAURS
DESCRIPTION OF THE DINOSAUR
[식성] 육식
[서식지] 남미의 산림지대
[크기] 높이 : 3.5 M
길이 : 9.0 M
무게 : 900 KG
[시대] 백악기 후기
MEGARAPTOR
WHAT'S A DINOSAUR CARD?
HP : 체력 MAGIC : 마법공격력 ATTACK : 공격력 DEFENCE : 방어력
쇠 속성은 불, 물, 쇠, 흙, 숲으로 이루어진 5대 속성 중 하나로,
쇠 속성의 공룡은 흙 속성과 불 속성의 마법공격에 취약함.
쇠 속성의 마법은 물 속성과 숲 속성의 공룡에게 강력한 피해를 입힘.
쇠 속성의 공룡은 다른 속성의 마법 사용도 가능하지만
쇠 속성의 마법과 조합 시 높은 공격력의 보너스 능력치를 획득할 수 있으며,
다른 속성의 공룡들에 비해 공격력이 특별히 높은 특징이 있음.
HP
MAGIC
ATTACK
DEFENCE
onnuri KOREA
www.t-rexcard.com

DINOSAURS CARD
T-REX THE KING OF DINOSAURS
DEC15
TI1040
3800
HEALTH
770
ATTACK
300
MAGIC
200
DEFENCE
YANGCHUANOSAURUS
양추아노사우루스
쥐라기 후기 중국에서 가장 큰 육식 공룡으로
큰 머리와 유연한 목, 길고 튼튼한 꼬리를 갖고
있으며, 두개골의 형태는 알로사우루스와 유사함.

T-REX THE KING OF DINOSAURS
DEC15
TI1040
티렉스
T-REX
THE KING OF DINOSAURS
DESCRIPTION OF THE DINOSAUR
[식성] 육식
[서식지] 아시아의 산림지대
[크기] 높이 : 4.0 M
길이 : 10.0 M
무게 : 3,500 KG
[시대] 쥐라기 후기
YANGCHUANOSAURUS
WHAT'S A DINOSAUR CARD?
HP : 체력 MAGIC : 마법공격력 ATTACK : 공격력 DEFENCE : 방어력
쇠 속성은 불, 물, 쇠, 흙, 숲으로 이루어진 5대 속성 중 하나로,
쇠 속성의 공룡은 흙 속성과 불 속성의 마법공격에 취약함.
쇠 속성의 마법은 물 속성과 숲 속성의 공룡에게 강력한 피해를 입힘.
쇠 속성의 공룡은 다른 속성의 마법 사용도 가능하지만
쇠 속성의 마법과 조합 시 높은 공격력의 보너스 능력치를 획득할 수 있으며,
다른 속성의 공룡들에 비해 공격력이 특별히 높은 특징이 있음.
HP
MAGIC
ATTACK
DEFENCE
onnuri KOREA
www.t-rexcard.com

DINOSAURS CARD
T-REX THE KING OF DINOSAURS
DEC15
TI1042
3700
HEALTH
720
ATTACK
380
MAGIC
230
DEFENCE
ANCHICERATOPS
안키케라톱스
중간 크기 정도의 마지막 케라톱스류의 한 종으로,
눈 위의 큰 두개의 뿔은 바깥쪽으로 휘어져 있으며
프릴은 직사각형 형태임.
SLOT

T-REX THE KING OF DINOSAURS
DEC15
TI1042
티렉스
T-REX
THE KING OF DINOSAURS
DESCRIPTION OF THE DINOSAUR
[식성] 초식
[서식지] 북미의 산림지대
[크기] 높이 : 3.0 M
길이 : 6.0 M
무게 : 2,500 KG
[시대] 백악기 후기
ANCHICERATOPS
WHAT'S A DINOSAUR CARD?
HP : 체력 MAGIC : 마법공격력 ATTACK : 공격력 DEFENCE : 방어력
쇠 속성은 불, 물, 쇠, 흙, 숲으로 이루어진 5대 속성 중 하나로,
쇠 속성의 공룡은 흙 속성과 불 속성의 마법공격에 취약함.
쇠 속성의 마법은 물 속성과 숲 속성의 공룡에게 강력한 피해를 입힘.
쇠 속성의 공룡은 다른 속성의 마법 사용도 가능하지만
쇠 속성의 마법과 조합 시 높은 공격력의 보너스 능력치를 획득할 수 있으며,
다른 속성의 공룡들에 비해 공격력이 특별히 높은 특징이 있음.
HP
MAGIC
ATTACK
DEFENCE
onnuri KOREA
www.t-rexcard.com

DINOSAURS CARD
T-REX THE KING OF DINOSAURS
V3. MAY17
TI3043
GIGANOTOSAURUS
기가노트사우루스
큰몸을 움직이기 쉽도록, 두개골은 가볍게 만들어져있음.
이빨은 얇으나, 고도로 진화한 결과 상당히 예리해짐.
6400
HEALTH
1440
ATTACK
TYPE
A
800
MAGIC
250
DEFENCE
SLOT

V3.MAY17
TI3043
T-REX THE KING OF DINOSAURS
티렉스
T-REX
THE KING OF DINOSAURS
DESCRIPTION OF THE DINOSAUR
[식성] 육식
[서식지] 남아메리카
[크기] 높이 : 5.0 M 길이 : 13.0 M
무게 : 8,000 KG
[시대] 백악기 후기
GIGANOTOSAURUS
WHAT'S A DINOSAUR CARD?
티렉스 게임에는 불, 물, 쇠, 흙, 숲 총 5가지의 속성이 있다.
쇠 속성의 공룡은 흙 속성과 불 속성의 마법에 취약하고,
쇠 속성의 마법은 물 속성과 숲 속성의 공룡에게 강력한 피해를 입힌다.
쇠 속성 공룡은 다른 공룡에 비해 공격력과 방어력이 높은 특징이 있으며,
같은 속성 마법으로 조합하면 공격력과 방어력의 보너스 능력치가 있다.
공룡카드는 형태에 따라 A B C D E 타입으로 정해져 있다.
공룡의 타입에 따라 마법 사용시 추가적인 효과를 주는 조건 마법도 있다.
HEALTH
ATTACK
MAGIC
DEFENCE
onnuri KOREA
www.t-rexcard.com

DINOSAURS CARD
T-REX THE KING OF DINOSAURS
DEC15
TI1044
3400
HEALTH
700
ATTACK
400
MAGIC
250
DEFENCE
ALIORAMUS
알리오라무스
티라노사우루스와 유사한 골격 구조를 갖고 있으며,
머리뼈가 가늘고 길고 작다는 차이가 있음.
코 위에 작은 돌기가 있음.
SLOT

T-REX THE KING OF DINOSAURS
DEC15
TI1044
티렉스
T-REX
THE KING OF DINOSAURS
DESCRIPTION OF THE DINOSAUR
[식성] 육식
[서식지] 아시아의 산림지대
[크기] 높이 : 2.2 M
길이 : 6.0 M
무게 : 1,000 KG
[시대] 백악기 후기
ALIORAMUS
WHAT'S A DINOSAUR CARD?
HP : 체력 MAGIC : 마법공격력 ATTACK : 공격력 DEFENCE : 방어력
쇠 속성은 불, 물, 쇠, 흙, 숲으로 이루어진 5대 속성 중 하나로,
쇠 속성의 공룡은 흙 속성과 불 속성의 마법공격에 취약함.
쇠 속성의 마법은 물 속성과 숲 속성의 공룡에게 강력한 피해를 입힘.
쇠 속성의 공룡은 다른 속성의 마법 사용도 가능하지만
쇠 속성의 마법과 조합 시 높은 공격력의 보너스 능력치를 획득할 수 있으며,
다른 속성의 공룡들에 비해 공격력이 특별히 높은 특징이 있음.
HP
MAGIC
ATTACK
DEFENCE
onnuri KOREA
www.t-rexcard.com

DINOSAURS CARD
T-REX THE KING OF DINOSAURS
DEC15
TI1052
3800
HEALTH
750
ATTACK
330
MAGIC
230
DEFENCE
MAJUNGATHOLUS
마준가톨루스
몸집이 거대하지는 않았지만 오랜 기간 군림한
포식자로, 작은 앞발, 머리에 솟아 있는 뿔이 특징이며,
동족도 서로 싸워 잡아 먹었던 것으로 추정됨.
SLOT

T-REX THE KING OF DINOSAURS
DEC15
TI1052
티렉스
T-REX
THE KING OF DINOSAURS
DESCRIPTION OF THE DINOSAUR
[식성] 육식
[서식지] 아프리카 북부의 산림지대
[크기] 높이 : 2.1 M
길이 : 6.0 M
무게 : 1,000 KG
[시대] 백악기 후기
MAJUNGATHOLUS
WHAT'S A DINOSAUR CARD?
HP : 체력 MAGIC : 마법공격력 ATTACK : 공격력 DEFENCE : 방어력
쇠 속성은 불, 물, 쇠, 흙, 숲으로 이루어진 5대 속성 중 하나로,
쇠 속성의 공룡은 흙 속성과 불 속성의 마법공격에 취약함.
쇠 속성의 마법은 물 속성과 숲 속성의 공룡에게 강력한 피해를 입힘.
쇠 속성의 공룡은 다른 속성의 마법 사용도 가능하지만
쇠 속성의 마법과 조합 시 높은 공격력의 보너스 능력치를 획득할 수 있으며,
다른 속성의 공룡들에 비해 공격력이 특별히 높은 특징이 있음.
HP
MAGIC
ATTACK
DEFENCE
onnuri KOREA
www.t-rexcard.com

DINOSAURS CARD
DEC15
TE1008
T-REX THE KING OF DINOSAURS
4200
HEALTH
650
MAGIC
500
ATTACK
140
DEFENCE
ANKYLOSAURUS
안킬로사우루스
갑옷 공룡중에 가장 크며, 온몸에 가시로 몸을 보호하고 있음. 꼬리 끝에 달린 단단한 뼈로 된 곤봉을 휘둘러 방어했을 것으로 추정됨.
SLOT

T-REX THE KING OF DINOSAURS
DEC15
TE1008
티렉스
T-REX
THE KING OF DINOSAURS
DESCRIPTION OF THE DINOSAUR
[식성] 초식
[서식지] 북아메리카
[크기] 높이 : 2.0 M
길이 : 6.0 M
무게 : 2,500 KG
[시대] 백악기 후기
ANKYLOSAURUS
WHAT'S A DINOSAUR CARD?
HP : 체력 MAGIC : 마법공격력 ATTACK : 공격력 DEFENCE : 방어력
HP
MAGIC
ATTACK
DEFENCE
흙 속성은 불, 물, 쇠, 흙, 숲으로 이루어진 5대 속성 중 하나로,
흙 속성의 공룡은 숲 속성과 물 속성의 마법에 취약함.
흙 속성의 마법은 쇠 속성과 불 속성의 공룡에게 강력한 피해를 입힘.
흙 속성의 공룡은 다른 속성의 마법 사용도 가능하지만
흙 속성의 마법과 조합 시 마법력과 체력의 보너스 능력치를 획득할 수 있으며,
다른 공룡들에 비해 마법력과 체력이 높은 특징이 있음.
onnuri KOREA www.t-rexcard.com

DINOSAURS CARD
DEC15
TE2010
T-REX THE KING OF DINOSAURS
4900
HEALTH
760
MAGIC
640
ATTACK
160
DEFENCE
SAICHANIA
사이카니아
갑옷룡중에서도 가장 무장이 잘 된 공룡.
머리, 목, 등 앞다리에 무거운 골침이 있으며,
뼈로 이루어진 판에 손잡이처럼 생긴 침이 있음.
SLOT

T-REX THE KING OF DINOSAURS
DEC15
TE2010
티렉스
T-REX
THE KING OF DINOSAURS
DESCRIPTION OF THE DINOSAUR
[식성] 초식
[서식지] 아시아의 산림지대
[크기] 높이 : 2.2 M
길이 : 7.0 M
무게 : 2,000 KG
[시대] 백악기 후기
SAICHANIA
WHAT'S A DINOSAUR CARD?
HP : 체력 MAGIC : 마법공격력 ATTACK : 공격력 DEFENCE : 방어력
HP
MAGIC
ATTACK
DEFENCE
흙 속성은 불, 물, 쇠, 흙, 숲으로 이루어진 5대 속성 중 하나로,
흙 속성의 공룡은 숲 속성과 물 속성의 마법에 취약함.
흙 속성의 마법은 쇠 속성과 불 속성의 공룡에게 강력한 피해를 입힘.
흙 속성의 공룡은 다른 속성의 마법 사용도 가능하지만
흙 속성의 마법과 조합 시 마법력과 체력의 보너스 능력치를 획득할 수 있으며,
다른 공룡들에 비해 마법력과 체력이 높은 특징이 있음.
onnuri KOREA www.t-rexcard.com

DINOSAURS CARD
T-REX THE KING OF DINOSAURS
DEC15
TE1018
4400
HEALTH
650
MAGIC
470
ATTACK
140
DEFENCE
PENTACERATOPS
펜타케라톱스
머리 위의 두개의 큰 뿔과, 코 위의 짧은 뿔, 그리고
양 볼의 두개의 뿔 총 얼굴에 5개의 뿔이 있는데
이 중 볼의 뿔은 뼈가 튀어나와 뿔처럼 보임.
SLOT

T-REX THE KING OF DINOSAURS
DEC15
TE1018
티렉스
T-REX
THE KING OF DINOSAURS
DESCRIPTION OF THE DINOSAUR
[식성] 초식
[서식지] 북미 서부의 평원지대
[크기] 높이 : 2.5 M
길이 : 7.0 M
무게 : 2,500 KG
[시대] 백악기 후기
PENTACERATOPS
WHAT'S A DINOSAUR CARD?
HP : 체력 MAGIC : 마법공격력 ATTACK : 공격력 DEFENCE : 방어력
HP
MAGIC
ATTACK
DEFENCE
www.t-rexcard.com

DINOSAURS CARD
T-REX THE KING OF DINOSAURS
DEC15
TE1023
4800
HEALTH
600
MAGIC
530
ATTACK
110
DEFENCE
SHUNOSAURUS
슈노사우루스
꼬리 곤봉이 발견된 최초의 용각류로 포식자들로부터
방어하기 위해 사용했을 것으로 추정되며,
다른 용각류에 비해 상대적으로 목이 짧은 편임.
SLOT

T-REX THE KING OF DINOSAURS
DEC15
TE1023
티렉스
T-REX
THE KING OF DINOSAURS
DESCRIPTION OF THE DINOSAUR
[식성] 초식
[서식지] 아시아의 평원지대
[크기] 높이 : 2.3 M
길이 : 9.0 M
무게 : 3,000 KG
[시대] 쥐라기 중기
SHUNOSAURUS
WHAT'S A DINOSAUR CARD?
HP : 체력 MAGIC : 마법공격력 ATTACK : 공격력 DEFENCE : 방어력
HP
MAGIC
ATTACK
DEFENCE
www.t-rexcard.com

DINOSAURS CARD
T-REX THE KING OF DINOSAURS
DEC15
TE1024
4300
HEALTH
630
MAGIC
500
ATTACK
140
DEFENCE
SAUROPELTA
사우로펠타
몸집이 거대하며, 평평한 등껍질과 뾰족한 주둥이를 갖고 있으며, 몸통의 옆쪽에 골침을 갖고 있어 육식 공룡으로부터 방어하는데 사용했을 것으로 추정됨
SLOT

T-REX THE KING OF DINOSAURS
DEC15
TE1024
티렉스
T-REX
THE KING OF DINOSAURS
DESCRIPTION OF THE DINOSAUR
[식성] 초식
[서식지] 북미의 산림지대
[크기] 높이 : 1.3 M
길이 : 5.0 M
무게 : 1,500 KG
[시대] 백악기 전기
SAUROPELTA
WHAT'S A DINOSAUR CARD?
HP : 체력 MAGIC : 마법공격력 ATTACK : 공격력 DEFENCE : 방어력
흙 속성은 불, 물, 쇠, 흙, 숲으로 이루어진 5대 속성 중 하나로,
흙 속성의 공룡은 숲 속성과 물 속성의 마법에 취약함.
흙 속성의 마법은 쇠 속성과 불 속성의 공룡에게 강력한 피해를 입힘.
흙 속성의 공룡은 다른 속성의 마법 사용도 가능하지만
흙 속성의 마법과 조합 시 마법력과 체력의 보너스 능력치를 획득할 수 있으며,
다른 공룡들에 비해 마법력과 체력이 높은 특징이 있음.
HP
MAGIC
ATTACK
DEFENCE
onnuri
www.t-rexcard.com

DINOSAURS CARD
T-REX THE KING OF DINOSAURS
DEC15
TE2025
5300
HEALTH
780
MAGIC
600
ATTACK
140
DEFENCE
TUOJIANGOSAURUS
투오지앙고사우루스
아시아에서 처음 발견된 검룡류 공룡으로 꼬리쪽으로 갈수록 날카로워지는 걸판이 나란히 나 있으며, 꼬리에는 가시같은 골침이 있음.
SLOT

T-REX THE KING OF DINOSAURS
DEC15
TE2025
티렉스
T-REX
THE KING OF DINOSAURS
DESCRIPTION OF THE DINOSAUR
[식성] 초식
[서식지] 아시아의 산림지대
[크기] 높이 : 2.5 M
길이 : 7.0 M
무게 : 4,000 KG
[시대] 쥐라기 후기
TUOJIANGOSAURUS
WHAT'S A DINOSAUR CARD?
HP : 체력 MAGIC : 마법공격력 ATTACK : 공격력 DEFENCE : 방어력
흙 속성은 불, 물, 쇠, 흙, 숲으로 이루어진 5대 속성 중 하나로,
흙 속성의 공룡은 숲 속성과 물 속성의 마법에 취약함.
흙 속성의 마법은 쇠 속성과 불 속성의 공룡에게 강력한 피해를 입힘.
흙 속성의 공룡은 다른 속성의 마법 사용도 가능하지만
흙 속성의 마법과 조합 시 마법력과 체력의 보너스 능력치를 획득할 수 있으며,
다른 공룡들에 비해 마법력과 체력이 높은 특징이 있음.
HP
MAGIC
ATTACK
DEFENCE
onnuri
www.t-rexcard.com

ARRHINOCERATOPS
JUL16
T027
T-REX THE KING OF DINOSAURS
650
MAGIC
4300
HEALTH
450
ATTACK
140
DEFENCE
아르히노케라톱스
TYPE E
이마에 길고 큰 뿔 2개가 있으며, 코에 뿔이 없는 형태로
다른 각룡류에 비해 코와 안면이 짧고 크기가 좀 작은 편이고
다른 케라톱스류처럼 입이 앵무새같은 부리를 갖고 있음.
SLOT
DINOSAURS CARD

JUL16
T027
T-REX THE KING OF DINOSAURS
티렉스
T-REX
THE KING OF DINOSAURS
DESCRIPTION OF THE DINOSAUR
[식성] 초식
[서식지] 북미의 산림지대
[크기] 높이 : 1.2 M 길이 : 4.5 M
무게 : 1,300 KG
[시대] 백악기 후기
ARRHINOCERATOPS
WHAT'S A DINOSAUR CARD?
티렉스 게임에는 불, 물, 쇠, 흙, 숲 총 5가지의 속성이 있다.
흙 속성의 공룡은 숲 속성과 물 속성의 마법에 취약하고,
흙 속성의 마법은 쇠 속성과 불 속성의 공룡에게 강력한 피해를 입힌다.
흙 속성 공룡은 다른 공룡에 비해 마법력과 체력이 높은 특징이 있으며,
같은 속성 마법으로 조합하면 마법력과 체력의 보너스 능력치가 있다.
공룡카드는 형태에 따라 A B C D E 타입으로 정해져 있다.
공룡의 타입에 따라 마법 사용시 추가적인 효과를 주는 조건 마법도 있다.
HEALTH
MAGIC
ATTACK
DEFENCE
onnuri KOREA www.t-rexcard.com

DINOSAURS CARD
DEC15
TE1036
T-REX THE KING OF DINOSAURS
4200
HEALTH
600
MAGIC
530
ATTACK
110
DEFENCE
TARCHIA
타르키아
사이카니아와 유사하나 두개골의 형태와
높은 두개골에서 차이를 보이며,
꼬리 곤봉이 아주 큰 특징이 있음.
SLOT

T-REX THE KING OF DINOSAURS
DEC15
TE1036
티렉스
T-REX
THE KING OF DINOSAURS
DESCRIPTION OF THE DINOSAUR
[식성] 초식
[서식지] 아시아의 산림지대
[크기] 높이 : 2.3 M
길이 : 8.5 M
무게 : 4,000 KG
[시대] 백악기 후기
TARCHIA
WHAT'S A DINOSAUR CARD?
HP : 체력 MAGIC : 마법공격력 ATTACK : 공격력 DEFENCE : 방어력
흙 속성은 불, 물, 쇠, 흙, 숲으로 이루어진 5대 속성 중 하나로,
흙 속성의 공룡은 숲 속성과 물 속성의 마법에 취약함.
흙 속성의 마법은 쇠 속성과 불 속성의 공룡에게 강력한 피해를 입힘.
흙 속성의 공룡은 다른 속성의 마법 사용도 가능하지만
흙 속성의 마법과 조합 시 마법력과 체력의 보너스 능력치를 획득할 수 있으며,
다른 공룡들에 비해 마법력과 체력이 높은 특징이 있음.
HP
MAGIC
ATTACK
DEFENCE
onnuri KOREA www.t-rexcard.com

DINOSAURS CARD
DEC15
TE1038
T-REX THE KING OF DINOSAURS
4400
HEALTH
630
MAGIC
450
ATTACK
110
DEFENCE
TOROSAURUS
토로사우루스
머리의 크기가 가장 큰 동물로 2.5m가 넘고 뿔이 세 개가 달려 있으며 상대적으로 코 위의 뿔은 작음. 트리케라톱스 다음으로 큰 각룡임.
SLOT

T-REX THE KING OF DINOSAURS
DEC15
TE1038
티렉스
T-REX
THE KING OF DINOSAURS
DESCRIPTION OF THE DINOSAUR
[식성] 초식
[서식지] 북미 서부의 산림지대
[크기] 높이 : 2.4 M
길이 : 7.3 M
무게 : 6,350 KG
[시대] 백악기 후기
TOROSAURUS
WHAT'S A DINOSAUR CARD?
HP : 체력 MAGIC : 마법공격력 ATTACK : 공격력 DEFENCE : 방어력
흙 속성은 불, 물, 쇠, 흙, 숲으로 이루어진 5대 속성 중 하나로,
흙 속성의 공룡은 숲 속성과 물 속성의 마법에 취약함.
흙 속성의 마법은 쇠 속성과 불 속성의 공룡에게 강력한 피해를 입힘.
흙 속성의 공룡은 다른 속성의 마법 사용도 가능하지만
흙 속성의 마법과 조합 시 마법력과 체력의 보너스 능력치를 획득할 수 있으며,
다른 공룡들에 비해 마법력과 체력이 높은 특징이 있음.
HP
MAGIC
ATTACK
DEFENCE
onnuri KOREA www.t-rexcard.com

ARGENTINOSAURUS
JUL16
T051
T-REX THE KING OF DINOSAURS
840
MAGIC
6000
HEALTH
720
ATTACK
180
DEFENCE
아르젠티노사우루스
TYPE A
지금까지 발견된 공룡 중 가장 큰 공룡 중 하나이며, 등 뼈에 서로 단단하게 연결하는 특수한 관절이 발달해 있는 것이 특징임.
SLOT
DINOSAURS CARD

JUL16
T051
T-REX THE KING OF DINOSAURS
티렉스
T-REX
THE KING OF DINOSAURS
DESCRIPTION OF THE DINOSAUR
[식성] 초식
[서식지] 남미의 숲지대
[크기] 높이 : 6.0 M 길이 : 26.0 M
무게 : 40,000 KG
[시대] 백악기 후기
ARGENTINOSAURUS
WHAT'S A DINOSAUR CARD?
티렉스 게임에는 불, 물, 쇠, 흙, 숲 총 5가지의 속성이 있다.
흙 속성의 공룡은 숲 속성과 물 속성의 마법에 취약하고,
흙 속성의 마법은 쇠 속성과 불 속성의 공룡에게 강력한 피해를 입힌다.
흙 속성 공룡은 다른 공룡에 비해 마법력과 체력이 높은 특징이 있으며,
같은 속성 마법으로 조합하면 마법력과 체력의 보너스 능력치가 있다.
공룡카드는 형태에 따라 A B C D E 타입으로 정해져 있다.
공룡의 타입에 따라 마법 사용시 추가적인 효과를 주는 조건 마법도 있다.
더욱 다양한 게임공략을 티렉스카드 홈페이지에서 만나보세요 !
HEALTH
MAGIC
ATTACK
DEFENCE
onnuri KOREA www.t-rexcard.com

DINOSAURS CARD
T-REX THE KING OF DINOSAURS
DEC15
TT3004
6400
HEALTH
850
MAGIC
1020
ATTACK
150
DEFENCE
STEGOSAURUS
스테고사우루스
검룡류 중에 가장 큰 공룡. 등에는 단단한 골판이
있어 체온조절 역할, 꼬리 끝에는 날카로운 돌기가
달려있음. 뇌의 크기는 호두알 정도밖에 되지 않았음.
SLOT

T-REX THE KING OF DINOSAURS
DEC15
TT3004
티렉스
T-REX
THE KING OF DINOSAURS
DESCRIPTION OF THE DINOSAUR
[식성] 초식
[서식지] 북미의 산림지대
[크기] 높이 : 3.0 M
길이 : 9.0 M
무게 : 2,000 KG
[시대] 쥐라기 후기
STEGOSAURUS
WHAT'S A DINOSAUR CARD?
HP : 체력 MAGIC : 마법공격력 ATTACK : 공격력 DEFENCE : 방어력
숲 속성은 불, 물, 식, 흙, 숲으로 이루어진 5대 속성 중 하나로,
숲 속성의 공룡은 불 속성과 식 속성의 마법에 취약함.
숲 속성의 마법은 흙 속성과 물 속성의 공룡에게 강력한 피해를 입힘.
숲 속성의 공룡은 다른 속성의 마법 사용도 가능하지만
숲 속성의 마법과 조합 시 공격력과 마법력과 체력의 보너스 능력치를 획득할 수 있으며,
다른 공룡들에 비해 능력치가 균형적인 특징이 있음.
HP
MAGIC
ATTACK
DEFENCE
onnuri KOREA
www.t-rexcard.com

DINOSAURS CARD
T-REX THE KING OF DINOSAURS
DEC15
TT1011
3900
HEALTH
500
MAGIC
630
ATTACK
150
DEFENCE
EUOPLOCEPHALUS
유오플로케팔루스
몸 전체가 갑옷과 가시로 덮여있으며, 엉덩이 근처의
튼튼한 근육으로 꼬리 끝에 달린 30Kg의
단단한 곤봉으로 육식공룡으로부터 자신을 보호함.
SLOT

T-REX THE KING OF DINOSAURS
DEC15
TT1011
티렉스
T-REX
THE KING OF DINOSAURS
DESCRIPTION OF THE DINOSAUR
[식성] 초식
[서식지] 북미의 산림지대
[크기] 높이 : 1.8 M
길이 : 6.5 M
무게 : 2,500 KG
[시대] 백악기 후기
EUOPLOCEPHALUS
WHAT'S A DINOSAUR CARD?
HP : 체력 MAGIC : 마법공격력 ATTACK : 공격력 DEFENCE : 방어력
숲 속성은 불, 물, 식, 흙, 숲으로 이루어진 5대 속성 중 하나로,
숲 속성의 공룡은 불 속성과 식 속성의 마법에 취약함.
숲 속성의 마법은 흙 속성과 물 속성의 공룡에게 강력한 피해를 입힘.
숲 속성의 공룡은 다른 속성의 마법 사용도 가능하지만
숲 속성의 마법과 조합 시 공격력과 마법력과 체력의 보너스 능력치를 획득할 수 있으며,
다른 공룡들에 비해 능력치가 균형적인 특징이 있음.
HP
MAGIC
ATTACK
DEFENCE
onnuri KOREA
www.t-rexcard.com

DINOSAURS CARD
T-REX THE KING OF DINOSAURS
DEC15
TT1013
3700
HEALTH
550
MAGIC
600
ATTACK
180
DEFENCE
CHASMOSAURUS
카스모사우루스
코뿔소와 닮았으며, 프릴이 몸통의 3분의 1을
차지할 정도로 컸으며, 눈 위에 난 뿔이 50cm나 되어
육식공룡을 쫓아내는데 사용했을 것으로 보임
SLOT

T-REX THE KING OF DINOSAURS
DEC15
TT1013
티렉스
T-REX
THE KING OF DINOSAURS
DESCRIPTION OF THE DINOSAUR
[식성] 초식
[서식지] 북미 서부의 산림지대
[크기] 높이 : 2.3 M
길이 : 5.2 M
무게 : 2,500 KG
[시대] 백악기 후기
CHASMOSAURUS
WHAT'S A DINOSAUR CARD?
HP : 체력 MAGIC : 마법공격력 ATTACK : 공격력 DEFENCE : 방어력
숲 속성은 불, 물, 쇠, 흙, 숲으로 이루어진 5대 속성 중 하나로,
숲 속성의 공룡은 불 속성과 쇠 속성의 마법에 취약함.
숲 속성의 마법은 흙 속성과 물 속성의 공룡에게 강력한 피해를 입힘.
숲 속성의 공룡은 다른 속성의 마법 사용도 가능하지만
숲 속성의 마법과 조합 시 공격력과 마법력과 체력의 보너스 능력치를 획득할 수 있으며,
다른 공룡들에 비해 능력치가 균형적인 특징이 있음.
HP
MAGIC
ATTACK
DEFENCE
onnuri KOREA
www.t-rexcard.com

DINOSAURS CARD
T-REX THE KING OF DINOSAURS
DEC15
TT2016
5300
HEALTH
780
MAGIC
840
ATTACK
190
DEFENCE
TRICERATOPS
트리케라톱스
각룡중에서 가장 큼. 머리의 길이는 2m정도로,
이마의 1m나 되는 튼튼한 두개의 뿔과
코 위의 짧은 뿔이 특징임.
SLOT

T-REX THE KING OF DINOSAURS
DEC15
TT2016
티렉스
T-REX
THE KING OF DINOSAURS
DESCRIPTION OF THE DINOSAUR
[식성] 초식
[서식지] 북미의 숲지대
[크기] 높이 : 3.5 M
길이 : 9.0 M
무게 : 10,000 KG
[시대] 백악기 후기
TRICERATOPS
WHAT'S A DINOSAUR CARD?
HP : 체력 MAGIC : 마법공격력 ATTACK : 공격력 DEFENCE : 방어력
숲 속성은 불, 물, 쇠, 흙, 숲으로 이루어진 5대 속성 중 하나로,
숲 속성의 공룡은 불 속성과 쇠 속성의 마법에 취약함.
숲 속성의 마법은 흙 속성과 물 속성의 공룡에게 강력한 피해를 입힘.
숲 속성의 공룡은 다른 속성의 마법 사용도 가능하지만
숲 속성의 마법과 조합 시 공격력과 마법력과 체력의 보너스 능력치를 획득할 수 있으며,
다른 공룡들에 비해 능력치가 균형적인 특징이 있음.
HP
MAGIC
ATTACK
DEFENCE
onnuri KOREA
www.t-rexcard.com

DINOSAURS CARD
T-REX THE KING OF DINOSAURS
DEC15
TT1026
3800
HEALTH
550
MAGIC
560
ATTACK
180
DEFENCE
LEXOVISAURUS
렉소비사우루스
양쪽 어깨 부분에 1m정도 되는 뿔 모양의 골침이
있으며, 어깨와 꼬리 부분에 있는 골침은
스테고사우루스와는 달리 수평으로 되어 있음.
SLOT

T-REX THE KING OF DINOSAURS
DEC15
TT1026
티렉스
T-REX
THE KING OF DINOSAURS
DESCRIPTION OF THE DINOSAUR
[식성] 초식
[서식지] 서유럽의 산림지대
[크기] 높이 : 2.7 M
길이 : 5.2 M
무게 : 453 KG
[시대] 쥐라기 중기
LEXOVISAURUS
WHAT'S A DINOSAUR CARD?
HP : 체력 MAGIC : 마법공격력 ATTACK : 공격력 DEFENCE : 방어력
숲 속성은 불, 물, 쇠, 흙, 숲으로 이루어진 5대 속성 중 하나로,
숲 속성의 공룡은 불 속성과 쇠 속성의 마법에 취약함.
숲 속성의 마법은 흙 속성과 물 속성의 공룡에게 강력한 피해를 입힘.
숲 속성의 공룡은 다른 속성의 마법 사용도 가능하지만
숲 속성의 마법과 조합 시 공격력과 마법력과 체력의 보너스 능력치를 획득할 수 있으며,
다른 공룡들에 비해 능력치가 균형적인 특징이 있음.
HP
MAGIC
ATTACK
DEFENCE
onnuri KOREA
www.t-rexcard.com

DINOSAURS CARD
T-REX THE KING OF DINOSAURS
DEC15
TT2029
4300
HEALTH
660
MAGIC
760
ATTACK
160
DEFENCE
MONOCLONIUS
모노클로니우스
코 위에 1개의 뿔, 눈 위에 작은 돌기를 갖고 있음.
센트로사우루스와 닮았지만, 프릴의 형태가 다름.
SLOT

T-REX THE KING OF DINOSAURS
DEC15
TT2029
티렉스
T-REX
THE KING OF DINOSAURS
DESCRIPTION OF THE DINOSAUR
[식성] 초식
[서식지] 북미의 산림지대
[크기] 높이 : 2.7 M
길이 : 6.1 M
무게 : 2,170 KG
[시대] 백악기 후기
MONOCLONIUS
WHAT'S A DINOSAUR CARD?
HP : 체력 MAGIC : 마법공격력 ATTACK : 공격력 DEFENCE : 방어력
숲 속성은 불, 물, 쇠, 흙, 숲으로 이루어진 5대 속성 중 하나로,
숲 속성의 공룡은 불 속성과 쇠 속성의 마법에 취약함.
숲 속성의 마법은 흙 속성과 물 속성의 공룡에게 강력한 피해를 입힘.
숲 속성의 공룡은 다른 속성의 마법 사용도 가능하지만
숲 속성의 마법과 조합 시 공격력과 마법력과 체력의 보너스 능력치를 획득할 수 있으며,
다른 공룡들에 비해 능력치가 균형적인 특징이 있음.
HP
MAGIC
ATTACK
DEFENCE
onnuri KOREA
www.t-rexcard.com

DINOSAURS CARD
T-REX THE KING OF DINOSAURS
DEC15
TT1032
4000
HEALTH
450
MAGIC
630
ATTACK
150
DEFENCE
EDMONTONIA
에드몬토니아
노도사우루스과 중 가장 큰 체구, 목과 어깨에
세 개의 골침장갑판으로 된 띠를 두르고 있으며,
꼬리에 곤봉이 없는 형태임.
SLOT

T-REX THE KING OF DINOSAURS
DEC15
TT1032
티렉스
T-REX
THE KING OF DINOSAURS
DESCRIPTION OF THE DINOSAUR
[식성] 초식
[서식지] 북미의 산림지대
[크기] 높이 : 2.0 M
길이 : 7.0 M
무게 : 2,500 KG
[시대] 백악기 후기
EDMONTONIA
WHAT'S A DINOSAUR CARD?
HP : 체력 MAGIC : 마법공격력 ATTACK : 공격력 DEFENCE : 방어력
숲 속성은 불, 물, 쇠, 흙, 숲으로 이루어진 5대 속성 중 하나로,
숲 속성의 공룡은 불 속성과 쇠 속성의 마법에 취약함.
숲 속성의 마법은 흙 속성과 물 속성의 공룡에게 강력한 피해를 입힘.
숲 속성의 공룡은 다른 속성의 마법 사용도 가능하지만
숲 속성의 마법과 조합 시 공격력과 마법력과 체력의 보너스 능력치를 획득할 수 있으며,
다른 공룡들에 비해 능력치가 균형적인 특징이 있음.
HP
MAGIC
ATTACK
DEFENCE
onnuri KOREA www.t-rexcard.com

DINOSAURS CARD
T-REX THE KING OF DINOSAURS
DEC15
TT2033
4900
HEALTH
600
MAGIC
700
ATTACK
160
DEFENCE
LAMBEOSAURUS
람베오사우루스
오리주둥이 공룡 중에서 몸 길이가 가장 긴 편이며,
머리 위에 커다란 속이 텅 빈 볏이 있고
나이와 성별에 따라 모양이 달라짐
SLOT

T-REX THE KING OF DINOSAURS
DEC15
TT2033
티렉스
T-REX
THE KING OF DINOSAURS
DESCRIPTION OF THE DINOSAUR
[식성] 초식
[서식지] 북미의 산림지대
[크기] 높이 : 4.5 M
길이 : 13.0 M
무게 : 6,000 KG
[시대] 백악기 후기
LAMBEOSAURUS
WHAT'S A DINOSAUR CARD?
HP : 체력 MAGIC : 마법공격력 ATTACK : 공격력 DEFENCE : 방어력
숲 속성은 불, 물, 쇠, 흙, 숲으로 이루어진 5대 속성 중 하나로,
숲 속성의 공룡은 불 속성과 쇠 속성의 마법에 취약함.
숲 속성의 마법은 흙 속성과 물 속성의 공룡에게 강력한 피해를 입힘.
숲 속성의 공룡은 다른 속성의 마법 사용도 가능하지만
숲 속성의 마법과 조합 시 공격력과 마법력과 체력의 보너스 능력치를 획득할 수 있으며,
다른 공룡들에 비해 능력치가 균형적인 특징이 있음.
HP
MAGIC
ATTACK
DEFENCE
onnuri KOREA www.t-rexcard.com

DINOSAURS CARD
T-REX THE KING OF DINOSAURS
V3. MAY17
TT2037
DACENTRURUS
다센트루루스
다른 공룡보다도 앞발이 길고 등이 낮음. 등의 골판은 꼬리로 가면서
가시형태로 나있음. 꼬리 끝에는 뼈로 된 스파이크를 2줄 갖추고 있다.
4400
HEALTH
720
ATTACK
640
MAGIC
180
DEFENCE
C
TYPE
SLOT

V3.MAY17
TT2037
T-REX THE KING OF DINOSAURS
티렉스
T-REX
THE KING OF DINOSAURS
DESCRIPTION OF THE DINOSAUR
[식성] 초식
[서식지] 서유럽의 산림지대
[크기] 높이 : 2.3 M 길이 : 8.0 M
무게 : 2,000 KG
[시대] 쥐라기 후기
DACENTRURUS
WHAT'S A DINOSAUR CARD?
티렉스 게임에는 불, 물, 쇠, 흙, 숲 총 5가지의 속성이 있다.
숲 속성의 공룡은 불 속성과 쇠 속성의 마법에 취약하고,
숲 속성의 마법은 흙 속성과 물 속성의 공룡에게 강력한 피해를 입힌다.
숲 속성 공룡은 다른 공룡에 비해 평균적인 능력치를 갖고 있는 특징이 있으며,
같은 속성 마법으로 조합하면 공격력과 마법력과 체력의 보너스 능력치가 있다.
공룡카드는 형태에 따라 A B C D E 타입으로 정해져 있다.
공룡의 타입에 따라 마법 사용시 추가적인 효과를 주는 조건 마법도 있다.
더욱 다양한 게임공략을 에서 만나보세요 !
HEALTH
ATTACK
MAGIC
DEFENCE
onnuri KOREA
www.t-rexcard.com

DINOSAURS CARD
T-REX THE KING OF DINOSAURS
DEC15
TT3049
6700
HEALTH
850
MAGIC
880
ATTACK
160
DEFENCE
LUFENGOSAURUS
루펜고사우루스
중국의 운남성 루펜에서 발견되었으며, 용각류 중에는
작은 편이며, 발가락의 날카로운 발톱이 특징이고
긴 꼬리로 중심을 잡고 이동했을 것으로 추정됨
SLOT

T-REX THE KING OF DINOSAURS
DEC15
TT3049
티렉스
T-REX
THE KING OF DINOSAURS
DESCRIPTION OF THE DINOSAUR
[식성] 초식
[서식지] 아시아의 산림지대
[크기] 높이 : 3.0 M
길이 : 9.0 M
무게 : 1,800 KG
[시대] 쥐라기 전기
LUFENGOSAURUS
WHAT'S A DINOSAUR CARD?
HP : 체력 MAGIC : 마법공격력 ATTACK : 공격력 DEFENCE : 방어력
숲 속성은 불, 물, 쇠, 흙, 숲으로 이루어진 5대 속성 중 하나로,
숲 속성의 공룡은 불 속성과 쇠 속성의 마법에 취약함.
숲 속성의 마법은 흙 속성과 물 속성의 공룡에게 강력한 피해를 입힘.
숲 속성의 공룡은 다른 속성의 마법 사용도 가능하지만
숲 속성의 마법과 조합 시 공격력과 마법력과 체력의 보너스 능력치를 획득할 수 있으며,
다른 공룡들에 비해 능력치가 균형적인 특징이 있음.
HP
MAGIC
ATTACK
DEFENCE
onnuri KOREA
www.t-rexcard.com

DINOSAURS CARD
DEC15
TT1053
T-REX THE KING OF DINOSAURS
3700
HEALTH
550
MAGIC
570
ATTACK
150
DEFENCE
HYPACROSAURUS
히파크로사우루스
오리주둥이처럼 납작한 입과 작은 이빨을 갖고 있으며, 등줄기를 따라 높지 않은 뼈가 불거져 있고, 긴 네 발로 걸으며, 꼬리로 균형을 잡았음.
SLOT

T-REX THE KING OF DINOSAURS
DEC15
TT1053
티렉스
T-REX
THE KING OF DINOSAURS
DESCRIPTION OF THE DINOSAUR
[식성] 초식
[서식지] 북미의 산림지대
[크기] 높이 : 3.5 M
길이 : 9.0 M
무게 : 3,500 KG
[시대] 백악기 후기
HYPACROSAURUS
WHAT'S A DINOSAUR CARD?
HP : 체력 MAGIC : 마법공격력 ATTACK : 공격력 DEFENCE : 방어력
숲 속성은 불, 물, 쇠, 흙, 숲으로 이루어진 5대 속성 중 하나로,
숲 속성의 공룡은 불 속성과 쇠 속성의 마법에 취약함.
숲 속성의 마법은 흙 속성과 물 속성의 공룡에게 강력한 피해를 입힘.
숲 속성의 공룡은 다른 속성의 마법 사용도 가능하지만
숲 속성의 마법과 조합 시 공격력과 마법력과 체력의 보너스 능력치를 획득할 수 있으며,
다른 공룡들에 비해 능력치가 균형적인 특징이 있음.
HP
MAGIC
ATTACK
DEFENCE
onnuri KOREA
www.t-rexcard.com

생명의 진화 과정에서 나타난 공룡

공룡이 살던 세상은 오늘날 우리가 알고 있는 세상과 아주 달랐어요. 기후는 지금보다 훨씬 더 더웠고, 대륙들은 오늘날처럼 바다로 분리되어 있지 않았지요. 공룡은 전 세계를 1억 7500만 년 동안이나 지배하며 살았어요. 이에 비해 인류가 세상을 지배한 시간은 채 10만 년도 되지 않아요!

시기	시대		내용
약 45억 년 전	선캄브리아대		생명의 출현. 아주 작은 조류 최초의 수생 동물.
약 5억 4천만 년 전	고생대		어류와 그 밖의 해양동물, 최초의 곤충, 최초의 육상 식물, 양서류가 나타났고, 그 뒤를 이어 파충류도 나타남.
약 2억 5천만 년 전	중생대	트라이아스기	최초의 공룡: 클라테오사우루스, 코엘로피시스, 에오랍토르, 헤라사우루스…….
약 2억 1천만 년 전	중생대	쥐라기	스테고사우루스, 브라키오사우루스, 디플로도쿠스, 시조새, 알로사우루스, 프테로닥틸루스…… 최초의 포유류.
약 1억 4천만 년 전	중생대	백악기	파키케팔로사우루스, 스트루티오미무스, 에드몬토사우루스, 파라사우롤로푸스, 벨로키랍토르, 트로오돈, 티라노사우루스, 스티라코사우루스, 프시타코사우루스, 스피노사우루스, 안킬로사우루스…… 최초의 조류.
약 6600만 년 전	신생대		공룡 멸종. 포유류의 황금시대, 유인원과 최초의 인류가 등장.

공룡의 시대: 트라이아스기부터 백악기까지!

공룡은 약 2억 5천만 년 전부터 6,600만 년 전까지 지구에 살았어요. 공룡이 살았던 시대는 트라이아스기, 쥐라기, 백악기로 나뉜답니다.

공룡의 등장과 번성!

1 트라이아스기(약 2억 5천만 년 전)

트라이아스기에는 공룡이 처음 등장했어요. 초기에 공룡들은 작고, 기후는 덥고 건조했어요. 대표적인 공룡으로 에오랩토르와 헤레라사우루스 같은 작은 공룡들이 있었어요.

2 쥐라기(약 2억 1천만 년 전)

쥐라기에는 공룡들이 점점 커지고 다양해졌어요. 기후는 따뜻하고 습했으며, 브라키오사우루스와 스테고사우루스 같은 대형 초식공룡과 알로사우루스 같은 큰 육식공룡들이 살았어요.

3 백악기(약 1억 4천만 년 전)

백악기에는 공룡들이 가장 많이 번성했어요. 티라노사우루스와 트리케라톱스 같은 유명한 공룡들이 있었어요. 또한 오늘 날 우리가 알고 있는 '새'의 조상도 이 시기에 나타났답니다.

공룡의 멸종

약 6,600만 년 전, 공룡은 모두 사라졌어요. 그 이유는 아직 정확히 알려지지 않았지만, 많은 과학자들은 운석 충돌과 화산 폭발이 원인이라고 생각해요.

1 운석 충돌

아주 큰 운석이 지구에 떨어져 큰 폭발이 일으키고, 하늘에 먼지와 가스가 가득 차서 기후가 급격히 바뀌었을 거라고 생각했어요. 급격히 바뀐 기후에서 공룡이 살아남기 어려웠을 거예요.

2 화산 폭발

큰 화산이 폭발하면서 기후가 변하고, 식물들이 자라지 않게 되어 공룡들이 먹이를 구하기 어려워졌을 거라고 해요. 먹이가 부족해진 공룡들이 결국 멸종하게 되었을 거예요.

숨은 스테고사우루스 찾기

보기의 스테고사우루스를 찾아서 색칠해 보세요.

선 따라 기가노토사우루스 그리기

숫자 순서대로 선을 이어 기가노토사우루스의 그림을 완성한 뒤, 자유롭게 색칠해 보세요.

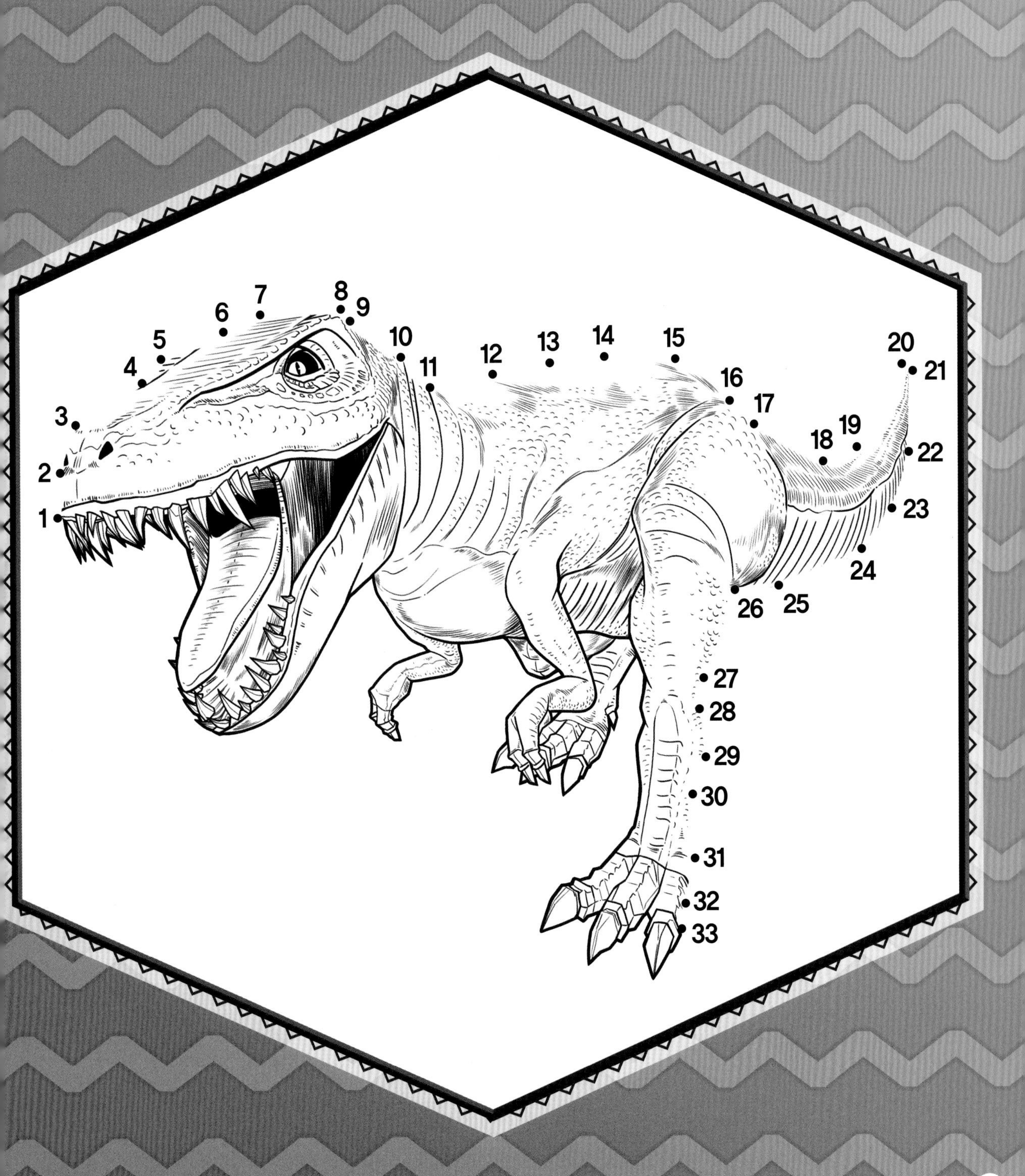

정답

90쪽

91쪽

카드 도감

2025년 2월 05일 1판 1쇄 인쇄
2025년 2월 15일 1판 1쇄 발행

원작 장난꾸러기

발행인 황민호
콘텐츠3사업본부장 석인수
편집장 손재희 **책임편집** 이윤지
디자인 중앙아트그라픽스

발행처 대원씨아이(주) www.dwci.co.kr
주소 서울시 용산구 한강대로 15길 9-12
전화 편집 02-2071-2169 **영업** 02-2071-2066 **팩스** 02-794-7771
등록일자 1992년 5월 11일 등록 제3-563호

ISBN 979-11-423-0930-4 76490